Hesse/Schrader Training Online-Bewerbung

Recherche – E-Mail-Bewerbung – Onlineformular

STARK

Liebe Leserin, lieber Leser,

mit diesem Buch erhalten Sie auch eine
CD-ROM. Um auf die Inhalte zugreifen
zu können, müssen Sie vor dem Gebrauch
folgenden Code eingeben:

S1303T

Auf der CD-ROM

- Videos mit persönlichen Tipps von
  Hesse/Schrader
- zahlreiche Mustervorlagen als Grundlage für
  die eigene Bewerbung: klassisch oder kreativ.
  (Greifen Sie über den »Arbeitsplatz« auf Ihr CD-
  Laufwerk zu und öffnen Sie den Ordner »Mus-
  tervorlagen«: Hier finden Sie die Beispiele zum
  Bearbeiten.)
- Tests zum Ermitteln der eigenen Stärken

Die Autoren

Jürgen Hesse, Jahrgang 1951, Diplom-Psychologe und
geschäftsführender Gesellschafter im Büro für Berufsstrategie, Berlin.
Hans Christian Schrader, Jahrgang 1952, Diplom-Psychologe
in Baden-Württemberg.

Für die begleitende, wertvolle Unterstützung
danken die Autoren Herrn Branko Woischwill, Doktorand
und Berater im Büro für Berufsstategie.

Anschrift der Autoren

Hesse/Schrader
Büro für Berufsstrategie
Oranienburger Straße 4–5
10178 Berlin
Tel. 030 288857-0
Fax 030 288857-36
www.hesseschrader.com

Im Internet unter
www.berufsstrategie-plus.de

Zugangscode: online14

- Zusatzmaterialien zum Thema
  Online-Bewerbung
- Eine Sammlung von weiterführen-
  den Links
- Im Buch gekennzeichnet durch den
  unterstrichenen Link
  www.berufsstrategie-plus.de

Die in diesem Band verwendeten Personenbezeichnungen schließen selbstverständlich beide Geschlechter ein, auch wenn teilweise nur die männliche
Form verwendet wird, um einen besseren Lesefluss zu gewährleisten.

Verlag und Autoren bedanken sich bei den auf den Bewerbungsfotos
abgebildeten Personen und bei den Fotografen Katy Otto, Regine Peter und
Antonius, bei denen das Copyright für die Fotos in diesem Buch liegt.
Bildnachweis S. 110 © mars – Fotolia.com

ISBN 978-3-86668-799-8

© 2015 by Stark Verlagsgesellschaft mbH & Co. KG
www.berufundkarriere.de
1. Auflage 2014

Inhalt

Starten

EINSTIEG: BEWERBEN ÜBERS INTERNET

Immer mehr Firmen schreiben ihre zu besetzenden Arbeitsplätze im Internet auf der eigenen Homepage oder in Jobbörsen aus. Und immer weniger Bewerber stellen eine papierene Bewerbungsmappe zusammen, die meisten schicken ihre Unterlagen einfach auf digitalem Weg.

Immer häufiger besteht bei Großunternehmen der erste Schritt des Bewerbungsverfahrens im Ausfüllen eines Onlineformulars auf den firmeneigenen Karriereseiten.

In jedem Fall geht der Trend zur E-Mail- bzw. Online-Bewerbung, denn heute werden schon etwas mehr als 70 Prozent der Stellenangebote im Internet platziert, wobei selbst das vielleicht nur etwa ein gutes Drittel aller Vakanzen ist – die meisten zu besetzenden Stellen werden gar nicht offen präsentiert, sondern beispielsweise durch Initiativbewerbungen, persönliche Empfehlungen und interne Ausschreibung vergeben.

Unterschiede im Bewerbungsverfahren und beim Einstellungsprozess zwischen den verschiedenen Arbeitgebern bestehen natürlich. Bei jedem Unternehmen durchläuft der Bewerber eine andere Anzahl an Rekrutierungsstufen und Auswahlverfahren.

Jedoch ganz gleich, ob klassisch auf Papier oder digital: Die Grundregeln einer guten Bewerbung zu begreifen und für sich erfolgreich umzusetzen ist in jedem Fall unabdingbar und zentraler Gegenstand dieser Trainingsmappe.

**Bitte bloß keine Bewerbungsmappe!
Aber Achtung: Das gilt nur zunächst!**

Die Vorteile liegen auf der Hand: Die Abwicklung über das Internet ist für beide Seiten günstiger, man spart auf Bewerberseite Arbeitsaufwand, Material und Porto und bei den Firmen sinkt der Verwaltungsaufwand. Immer mehr Branchen sehen die Vorteile von E-Mail- und Online-Bewerbungen. Bei der momentanen Entwicklung scheint es sogar so, als stünde die klassische schriftliche Bewerbungsmappe früher oder später ganz vor dem Aus.

In nicht wenigen Unternehmen findet eine erste Kontaktaufnahme mit der Personalabteilung ausschließlich per E-Mail oder Onlineverfahren statt. Die Annahme von klassischen, papierenen Bewerbungsunterlagen, versandt in dicken Umschlägen, wird verweigert. Sie werden postwendend zurückgeschickt.

Dies bedeutet aber nicht, Sie bräuchten keine auf Papier **ausdruckfähige Version** Ihres beruflichen Werdegangs (Lebenslauf, Foto, Anlagen). Im Gegenteil – Sie werden entweder vor oder nach dem ersten persönlichen Vorstellungsgespräch, bisweilen auch schon nach einem Vorabtelefonat, um Ihren Lebenslauf gebeten. Wenn man Sie nicht schon direkt beim Ausfüllen des Online-Bewerbungsformulars dazu auffordert, diesen hochzuladen.

UNTERSCHIED: E-MAIL ODER ONLINEFORMULAR

Im Prinzip können Sie sich heutzutage nahezu bei jedem Arbeitsplatzanbieter (wir verzichten hier bewusst auf die gängige Bezeichnung Arbeitgeber!) mit einer **E-Mail-Bewerbung** vorstellen und Ihre Mitarbeit anbieten. Sie brauchen nur seine E-Mail-Adresse, logisch! Diese finden Sie meistens in seiner Stellenangebotsanzeige oder auf der Firmen-Homepage. Wenn Sie jedoch Zweifel haben, ob Sie sich tatsächlich auf diese Stelle bewerben sollten, sich selbst vielleicht sogar auch lieber mit einer klassischen, papierenen Bewerbung vorstellen möchten, empfehlen wir Ihnen als erste Maßnahme einen Anruf mit kurzer Nachfrage. Das wird toleriert, sollte kein Problem sein, schafft aber absolute Klarheit über die gewünschte Bewerbungsform, und es vermittelt Ihnen einen ersten (akustischen) Eindruck!

Existiert ein **Online-Bewerbungsformular**, dann wissen Sie, hier gibt es quasi nur den einen Weg (ok, Ausnahmen bestätigen die Regel, aber nur selten führt eine Umgehung des Onlineformulars zum Erfolg). Sehr häufig dürfen oder müssen Sie auch bei einem Online-Bewerbungsformular-Verfahren Ihren beruflichen Werdegang (Lebenslauf) und bisweilen

auch ein Anschreiben oder Motivationsschreiben, wie es gerne genannt wird, zusätzlich hochladen.

Beide Bewerbungsverfahren, E-Mail-Bewerbung und Online-Bewerbungsformular, haben diverse Vor- und Nachteile. Die klassische Bewerbung zeigt ihre Stärken im Bereich der Individualisierung und der damit verknüpften Vermittlung eigener Persönlichkeitsmerkmale. Die Online-Bewerbung ist schnell und kostengünstig, bietet Ihnen aber im Bereich der Individualisierung weniger Möglichkeiten. Bei Online-Bewerbungen, die über formulargestützte Abfragen funktionieren, gestaltet sich die Vermittlung persönlicher Eigenschaften anhand der Bewerbungsunterlagen schwierig.

Die Form der digitalen Bewerbung per E-Mail mit Anhang kann zumindest inhaltlich genauso wie die analoge Variante gestaltet werden, Beispiel: eine PDF-Datei mit Bewerbungsunterlagen im Anhang einer E-Mail. Inhalte: Anschreiben, Deckblatt, Lebenslauf, Motivationsbericht, Zeugnisse und weitere Nachweise. Digitale Bewerbungsunterlagen und Inhalte können aber auch als unterstützendes Hilfsmittel zur klassischen Bewerbung eingesetzt werden.

Wichtig: Bei Bewerbungen über das Internet gilt mindestens das gleiche Sorgfaltsprinzip wie beim klassischen Weg auf Papier. Arbeiten Sie genau, recherchieren Sie gründlich und vermeiden Sie technische Fallen. Nur so werden Sie Punkte sammeln und besser sein als viele Ihrer Mitbewerber.

MERKBLOCK

E-Mail-Bewerbungen und **Online-Bewerbungsformulare** stellen eine nicht zu unterschätzende Herausforderung dar und sind keineswegs so einfach zu handhaben, wie bisweilen suggeriert wird.

VIELFALT: VIELE ARTEN DER INTERNETBEWERBUNG

Mit den oft benutzten Stichworten **Online-** oder **E-Bewerbung** verbindet man häufig lediglich das Bewerben über das Internet per **E-Mail** (mit Anlagen) oder per **Online-Bewerbungsformular** (oft auch zusätzlich noch mit Anlagen wie Lebenslauf und Zeugnisse). Dabei gibt es im Internet noch vielfältige weitere Angebote, die einem beim Bewerben nützlich sein können – von YouTube-Videos und Podcasts über Skype bis zur Selbstpräsentation auf der eigenen Homepage.

Wir zeigen Ihnen im Verlauf des Buches, wie Sie die verschiedensten E-Tools (Selbstpräsentations-Werkzeuge) vor, während und nach Ihrer Bewerbung optimal nutzen und überzeugend einsetzen. Schwerpunkte sind dabei insbesondere die E-Mail-

und Online-Bewerbung, aber auch Themen wie **Selbstmarketing**, **Recherche** und **Networking** im Internet. Auch über das Online-Assessment-Center und andere Testverfahren, die Sie vorab zu Hause an Ihrem PC absolvieren, berichten wir hier.

Doch ganz unabhängig davon, wie Sie Kontakt aufnehmen und welche Form Sie im Endeffekt wählen, Sie brauchen zuallererst ein fundiertes Basiswissen über die Möglichkeiten, wie Sie sich und Ihren beruflichen Werdegang und daraus abgeleitet, wie Sie Ihre besonderen Kompetenzen, Ihre hohe (Leistungs-)Motivation und Ihre Wesensart (Persönlichkeit) darstellen wollen (**Stichwortformel KLP**). Dazu mehr auf den folgenden Buchseiten ...

Überblick: Möglichkeiten des Internets im Bewerbungsprozess

- Ihre E-Mail-Bewerbung mit oder ohne Anhang (Anschreiben, Lebenslauf, Anlagen wie Ausbildungs- und Arbeitszeugnisse)

- das Online-Bewerbungsformular (hier beantworten Sie die vorgegebenen Fragen und oftmals werden Sie auch aufgefordert, noch einen ganz klassischen Lebenslauf hochzuladen)

- Ihr Profil – eine Art Kurzüberblick über Ihre besonderen Kenntnisse und Fähigkeiten, eingestellt von Ihnen bei Jobbörsen oder auf beruflichen Social-Media-Plattformen wie XING oder LinkedIn

- Ihre Powerpoint-Präsentation – eine selbstgestaltete Form, die übersichtlich und grafisch aufbereitet einen Überblick über Ihr Mitarbeitsangebot gibt

- Ihre eigene Homepage, auf der Sie sich, Ihren Werdegang und Ihre Fähigkeiten präsentieren

- Blog – eine Art digitale Kommentare oder Tagebucheinträge, die sichtbar sind für andere und für Aufmerksamkeit sorgen können

- Ihr eigenes Video – Sie drehen einen 1- bis max. 3-Minuten-Spot, in dem Sie sich vorstellen, und ergänzen diesen durch schriftliche Materialien wie Homepage, Powerpoint-Präsentation oder E-Mail-Bewerbung.

- Ihr Podcast – Sie nehmen Ihre gesprochene Botschaft auf und versenden diese zusammen mit weiteren Unterlagen wie E-Mail-Bewerbung.

- Neben dem Telefonieren ist das Skypen eine technische Möglichkeit, die Sie nutzen können. Immer häufiger wird vorab telefoniert, man ruft die interessantesten Bewerber an und interviewt sie, aber auch Skype-Interviews sind keine Seltenheit mehr.

- das Absolvieren eines Online-Assessment-Centers (eAC)

Nur beim Online-Bewerbungsformular (und Online-Assessment-Center) sind Sie – bis auf die Möglichkeit, eventuell Ihren Lebenslauf hochladen zu dürfen – auf die Vorgaben (Fragen etc.) des Unternehmens angewiesen. Bei allen anderen Formen bestimmen Sie weitestgehend selbst, was und wie Sie sich präsentieren.

Außerdem geht es um das wichtige Thema, wie Sie sich auch im World Wide Web Ihren exzellenten Ruf bewahren, kurz: um Ihre E-Reputation.

Lesen Sie in folgenden Beispielen, auf welche Weise Kandidaten das Internet im Bewerbungsprozess nutzen.

Beispiel 1:

Herr Mustermann bewirbt sich initiativ bei einem mittelständischen Unternehmen als Industriekaufmann. Nach einem kurzen, informativen Telefonat bittet man Herrn Mustermann, seine Bewerbungsunterlagen an den zuständigen Abteilungsleiter A zu schicken. Leider kommt drei Tage nach dem Absenden der Bewerbungsunterlagen eine Absage zurück, da momentan keine freien Stellen in dieser Abteilung zu besetzen sind. Der zuständige Abteilungsleiter teilt jedoch mit, dass er die Bewerbungsunterlagen gerne an andere Abteilungen des Unternehmens weiterleiten würde. Die Weiterleitung der Bewerbungsunterlagen per E-Mail ist natürlich viel einfacher und zudem zeitsparend für alle Beteiligten. Herr Mustermann schickt also seine kompletten Bewerbungsunterlagen in einer PDF-Datei, die er einer E-Mail beifügt, an den Abteilungsleiter A, welcher nun die Bewerbungsunterlagen (eventuell auch über den E-Mail-Verteiler des Unternehmens) an passende Abteilungen in der Firma weiterleiten kann. Mit nur einer E-Mail können also viele Personen in kürzester Zeit die Bewerbungsunterlagen einsehen und wiederum weiterleiten. Der potenzielle Arbeitgeber kann zudem per Copy-and-paste-Verfahren leicht Daten aus den Bewerbungsunterlagen entnehmen und verarbeiten. Unkompliziert und schnell.

Beispiel 2:

Der junge Schulabgänger Julius bewirbt sich per Online-Bewerbung bei einer Hochschule für Kunst und Design. In den Onlineformularen hinterlegt er Hyperlinks (Internetverknüpfungen) zu seinen bisherigen Onlineprojekten, seinem Facebook-Profil und einigen künstlerischen Videos auf YouTube. Die Online-Bewerbung per Formular wurde so durch digitale Inhalte ergänzt. Die Frage ist, ob die Hochschule solche Erweiterungen der Online-Bewerbung akzeptiert oder ablehnt. In diesem Fall hat die Hochschule ausdrücklich Nachweise zu digitalen, interaktiven und künstlerischen Arbeiten verlangt.

Digitale Kommunikation

»Man kann nicht nicht kommunizieren!«,
sagt Paul Watzlawick (Psychologe und Philosoph).

Auch im Bewerbungsverfahren finden diverse Kommunikationsprozesse statt. Sehen Sie es mal so: Die Bewerbungsmappe – digital oder aus Papier – ist ein Medium. Ein Medium transportiert neben dem eigentlichen Inhalt (Informationen über den Bewerber) auch Informationen, derer Sie sich vielleicht gar nicht so bewusst sind. Der Zeitpunkt der Übermittlung hat eine gewisse Wirkung auf Ihr Gegenüber. Die Wirkung einer solchen Information kann das Gegenüber als wichtig, aber auch als vollkommen unwichtig empfinden.

Was denken Sie beispielsweise über einen Bewerber, der an Silvester um 23:59 Uhr seine Bewerbungsunterlagen per E-Mail abschickt? Auch die Art der Übermittlung beinhaltet Informationen über den Bewerber. Was denken Sie über einen Bewerber, der Ihnen die digitalen Bewerbungsun-terlagen vom Absender »couchpotatoe@dauer-schlaefer.de« übermittelt? Sie können die direkte Wirkung von Informationen nicht immer beeinflussen, sollten aber gerade, wenn es um digitale Kommunikation geht, bedenken, dass auch auf den ersten Blick unbedeutende Informationen bei Ihrem Gegenüber zu bestimmten Rückschlüssen führen können.

Unsere Empfehlungen: Seien Sie sich stets dessen bewusst, dass jede Kommunikation über digitale Medien dokumentiert werden kann. Machen Sie sich klar, dass bei der digitalen Kommunikation viele Daten zu Ihrer Person übermittelt werden. Alleine das Besuchen einer Internetseite hinterlässt eindeutige, rückverfolgbare Spuren, die bis zum verwendeten Computer führen. Ob beim Onlineeinkauf oder in sozialen Netzwerken – ständig hinterlassen wir Spuren im Internet, die dann auf unbestimmte Zeit präsent sind.

Beispiel 3:
Der erfahrene Designer Nevio hat auf seiner Homepage Referenzen zu seinen Arbeiten hinterlegt und pflegt diese mit viel Aufwand. Potenzielle Kunden erhalten einen Link zu seiner Homepage und können einen sehr persönlichen, hoch individuellen Eindruck seiner Arbeiten gewinnen.

Sie haben jetzt die Wahl: Zunächst einmal können Sie sich mit sich selbst, mit Ihrem Mitarbeitsangebot und einer generellen **Vorbereitung** beschäftigen (s. S. 9). Sie können aber auch gleich in die erfolgreiche **Recherche** einsteigen (s. S. 17), oder Sie vertiefen jetzt Ihr Wissen, was die Erstellung eines überzeugenden **Lebenslaufes** und **Anschreibens** anbetrifft (s. S. 26). Zahlreiche **kommentierte Bewerbungsbeispiele** finden Sie auf den Seiten 69–111.

FEHLER

Die 6 häufigsten Basis-Fehler bei der Bewerbung übers Internet

1. Mangelndes Wissen, worauf es beim Bewerben allgemein und insbesondere bei der Online- und E-Mail-Bewerbung wirklich ankommt
2. Versäumnisse bei der gezielten Vorbereitung, auch was das Medium und seine Möglichkeiten anbetrifft (E-Mail, Onlineformular, Telefon-Interview, Test-Auswahlverfahren)
3. Keine intensive Arbeitsmarkt-Recherche
4. Die eigenen Stärken weder wirklich zu kennen, noch gezielt vermitteln zu können
5. Nicht zu wissen, was man über Sie im Internet alles finden kann
6. Den Zeitaufwand für das Erstellen einer E-Mail-Bewerbung und das Ausfüllen eines Online-Bewerbungsformulars zu unterschätzen

Vorbereitung

EINSTIMMUNG: DARAUF KOMMT ES AN

Entscheidend für Ihr Bewerbungsvorhaben ist eine gute Vorbereitung. Dazu gehört vor allem, dass Sie sich nicht länger nur als Arbeitnehmer verstehen. Sie sind Unternehmer/-in (ein Spezialist in der Lösung von bestimmten Problemen wie beispielsweise Ordnung schaffen, Bedienen, Schreiben, Telefonieren, Recherchieren, Dozieren etc.) und gehen jetzt von sich aus auf Kundensuche. Also: Wer hat ein Problem, das Sie lösen können? Wo finden Sie Kunden, die dringend Ihre Hilfe brauchen? Aber wie sieht das eigentlich aus, was Sie anzubieten haben? Wovon sprechen wir? Antwort: von Ihrem Problemlösungs-Know-how. Von Ihren Kenntnissen, Ihren Erfolgen und Ihrer Leistungsbereitschaft, aber letztendlich auch davon, dass Sie ein sympathischer, vertrauenswürdiger Mensch sind und deshalb neuer Mitarbeiter werden sollten!

Solche Überlegungen zeichnen Sie schon jetzt positiv aus! Damit sind Sie auf dem richtigen Weg. Sie haben das Bewusstsein, etwas Besonderes anbieten zu können, und wahrscheinlich bereits eine Vorstellung von Ihrer Klientel (also Kunden, Abnehmer, Arbeitsplatzanbieter etc.).

MERKBLOCK

Sich ohne **Vorbereitung** an die Erstellung der schriftlichen Bewerbungsunterlagen zu machen, ist vergleichbar mit dem Versuch, Kuchen zu backen ohne Mehl und Zucker ...

SELBSTERKENNTNIS, SELBSTBEWUSSTSEIN, SELBSTVERTRAUEN

Was hilft Ihnen wirklich bei der gezielten Vorbereitung und Auseinandersetzung mit sich selbst und Ihrem Anliegen, einen Arbeitsplatz zu bekommen? Es ist die Beschäftigung mit diesen drei Bausteinen, die Ihnen eine solide Ausgangsbasis verschaffen:

1. **Selbsterkenntnis**
2. **Selbstbewusstsein**
3. **Selbstvertrauen**

1. Selbsterkenntnis – bezogen auf Ihr berufliches Wissen, Ihre Erfahrungen, Fähigkeiten und Ihre Wesensart

Die Herausforderung besteht darin, Menschen, die sich für Sie interessieren, oder von denen Sie sich wünschen, dass diese sich für Sie als Mitarbeiter interessieren (das sind beruflich natürlich sehr häufig potenzielle Arbeit- bzw. Auftraggeber), von Ihrer

Kompetenz, Leistungsfähigkeit und Persönlichkeit zu überzeugen. Mehr als alles andere interessiert diese, welchen Gewinn es bringen wird, wenn man sich mit Ihnen beschäftigt, Ihnen vertraut, Ihnen etwas zutraut, Sie beauftragt oder einstellt.

Seien Sie also auf die Frage »Was können Sie für mich/uns, für das Unternehmen tun?« vorbereitet. Ziehen Sie vorab eine Bilanz Ihrer Fähigkeiten (Kompetenzen) und Stärken, und fragen Sie sich, welche Erfahrungen und Eigenschaften Sie für bestimmte Aufgaben, Aufträge und die von Ihnen angestrebte Position besonders qualifizieren.

Sechs bis acht Kompetenz-, Leistungs- und Persönlichkeitsmerkmale sollten Sie von sich klar vermitteln können. Welche sind von spezieller beruflicher Relevanz und wie können Sie diese mit Beispielsituationen aus Ihrer Arbeitswelt glaubhaft für Ihr Gegenüber, den Auswähler, belegen?

Wir haben für Sie unter *www.berufsstratgie-plus.de* diverse **Merkmalslisten** hinterlegt, die Ihnen helfen, Ihre Kompetenzen zu ermitteln.

2. Selbstbewusstsein – bezogen auf die Beherrschung der Spielregeln in der Arbeitswelt

Selbstverständlich ist es auch in digitalen Welten absolut notwendig, selbstbewusst aufzutreten. Diese Sicherheit wird durch Ihr Bewusstsein über die eigenen Fähigkeiten (Ihr Angebot) und Ihre Motive (was verfolgen Sie, was treibt Sie an?) stark beeinflusst. Bedenken Sie, dass weder übersteigertes Selbstwertgefühl noch übertriebene Bescheidenheit auf dem Arbeitsmarkt geschätzt werden.

Stellen Sie weniger Ihre Person und Kompetenz, als Ihre Leistungen, Ihre bisherigen Erfolge und was Sie in der Lage wären, für Ihren zukünftigen Auftraggeber zu erbringen, in den Vordergrund und geben Sie so dem Auswähler das Gefühl, dass er persönlich, dass sein Unternehmen davon profitiert, wenn man sich für Sie entscheidet.

3. Selbstvertrauen – bezogen auf Ihr Vertrauen in Ihre Selbstwirksamkeit

Die Erfolgsaussichten Ihrer beruflichen Ambitionen verbessern sich entscheidend, wenn Sie ein stabiles Selbstvertrauen haben. Sie erlangen dieses durch ein sicheres Gefühl, was die eigenen Fähigkeiten, Ihre Kompetenzen und insbesondere Ihre Leistungsmöglichkeiten anbetrifft, und durch die Kenntnis der Spielregeln des Arbeitsmarktes.

Die Beschäftigung mit dem, was Sie können, wollen und anzubieten haben, läuft ja nun schon eine Weile. Jetzt geht es darum, diese Erkenntnisse angemessen dem potenziellen Auftraggeber, Einsteller, oder ganz allgemein Menschen, mit denen Sie beruflich in einem Kontext stehen, gegenüber zu vermitteln. Geben Sie einem Arbeitsplatzanbieter ebenso wie einem Kunden das gute Gefühl, dass er mit Ihrer Unterstützung seine Probleme besser lösen kann. Und verdeutlichen Sie ihm, welchen Gewinn es ihm bringt, wenn er sich für Sie entscheidet, Ihre Expertise, Ihr Problemlösungs-Know-how »einkauft«, Ihnen den Auftrag erteilt.

Grundlage für eine Auftragserteilung sowie für eine Einstellungsentscheidung ist, wenn Sie erst einmal zu einem Vorstellungsgespräch eingeladen worden sind, in der Regel etwa zu 60 Prozent Ihre Persönlichkeit (Wesensart), zu etwa 25 Prozent Ihre Leistungsmotivation und vielleicht nur noch zu etwa 10–15 Prozent Ihre fachliche Kompetenz.

Wenn Sie sich jetzt durch eine erweiterte Selbsterkenntnis, ein deutlicheres Selbstbewusstsein und ein verbessertes Selbstvertrauen auch noch über Ihre berufliche Rolle klargeworden sind, die Sie nach außen vermitteln wollen, werden Sie ganz anders auftreten und wahrgenommen werden.

Aber auch inhaltlich haben Sie etwas zu vermitteln … also was ist Ihre Botschaft? Hier gleich mehr dazu sowie im Internet unter *www.berufsstrategie-plus.de* und auf der beiliegenden CD-ROM.

Jetzt also ein paar ausgewählte, wichtige Fragen, um Ihren Selbstreflexionsprozess zu unterstützen …

ANSTÖSSE: EIN PAAR WICHTIGE FRAGEN

Fähigkeiten identifizieren

- Welche Spiele haben Sie als Kind gern gespielt?
- Was hat Sie sonst noch interessiert oder glücklich gemacht?
- Waren Sie gerne draußen oder haben Sie lieber im Haus/in der Wohnung gespielt?
- Und womit haben Sie bevorzugt gespielt?
- Was haben Sie sonst noch gerne gemacht?
- Wann ging es Ihnen gut?
- Hatten Sie Führungsrollen, z. B. Klassensprecher?
- Was haben Ihre Eltern zum Thema Arbeit gesagt und welche Haltung hatten sie dazu?
- Was sagen Sie heute selbst zum Thema Arbeit und welche Haltung haben Sie dazu?

Zu Ihren Fähigkeiten und Fertigkeiten, was können Sie hierzu sagen:
- Handwerklich:
- Künstlerisch:
- Pädagogisch:
- Technisch:
- Organisatorisch:
- Soziale Kompetenz:
- Soziales Engagement:
- Sprachkenntnisse:
- EDV-Kenntnisse:
- Sonstige spezielle Kenntnisse:

- Was können Sie gut und was machen Sie wirklich gerne?
- Bei welcher beruflichen Tätigkeit haben Sie schon einmal die Zeit und alles andere vergessen, weil Sie so in der Tätigkeit aufgegangen sind?
- Wofür sind Sie bei Ihrer bisherigen Arbeit gelobt worden?
- Und was sind Ihre Schwächen?
- Was können Sie nicht so gut oder machen Sie nicht so gern?
- Wogegen haben Sie eine Abneigung?
- Was würden Sie tun, wenn Sie 10 Millionen Euro im Lotto gewinnen würden?
- Was würden Sie machen, wenn Sie wüssten, dass alles, was Sie im Leben anpacken, gelingt und nichts schiefgehen kann?
- Welche Person/welches Tier/welcher Gegenstand wären Sie gerne, wenn Sie es sich aussuchen könnten (die Realität außer Kraft gesetzt)?
- Was würden Sie tun, wenn Sie nur noch 12 Monate Lebenszeit vor sich hätten?
- Was erwarten Sie vom Leben und was möchten Sie privat und beruflich noch erreichen?
- Was bedeutet Erfolg für Sie?
- Wem möchten Sie imponieren, wen beeindrucken?
- Was ist Ihr geheimster Wunsch/Traumziel im Leben?
- Wie würde ein Außenstehender Sie beschreiben, z. B. ein Freund und dann ein »Feind«?
- Wobei gewinnen Sie Energie, wobei tanken Sie auf?

Am besten Sie beantworten all diese Fragen schriftlich und lesen sich selbst Ihre Antworten mit einem zeitlichen Abstand immer wieder einmal durch, um auch ggf. das eine oder andere in Ihrer Beantwortung und Selbsteinschätzung zu verändern.

Ausprägung von Fähigkeiten: Wie schätzen Sie sich selbst ein?

Nun zu den Fragen in der rechten Spalte. Bewerten Sie sich selbst und lassen Sie sich später von anderen einschätzen.
Hier das Bewertungspunktesystem (bitte Zahl dahinter schreiben):

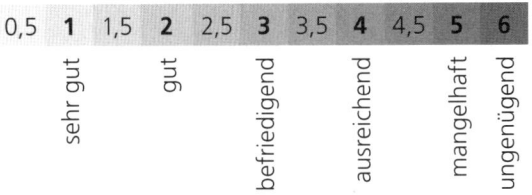

- Wie ist Ihre Fähigkeit entwickelt, sich selbst zu motivieren?
- Wie gut können Sie Ihre Impulse kontrollieren?
- Wie stark ist Ihr Durchhaltevermögen und Ihre Ausdauer?
- Verstehen Sie, das Beste aus Ihren eigenen Fähigkeiten zu machen?
- Verfügen Sie über die Fähigkeit, Ihre Ideen in Taten umzusetzen?
- Verfügen Sie über die Fähigkeit, ergebnisorientiert zu handeln?
- Wie stark ist Ihre Fähigkeit entwickelt, angefangene Arbeiten auch zu erledigen?
- Verfügen Sie über die Fähigkeit, selbst die Initiative zu ergreifen?
- Wie stark sind Ihre Ängste, Fehlschläge erleiden zu müssen?
- Verfügen Sie über die Fähigkeit, Dinge nicht auf die lange Bank zu schieben?
- Wie gut können Sie Kritik akzeptieren?
- Haben Sie die Kraft, sich nicht allzu häufig selbst zu bedauern?
- Verfügen Sie über die Stärke, sich Ihre Unabhängigkeit zu bewahren?
- Verfügen Sie über die Stärke, persönliche Schwierigkeiten zu überwinden?
- Können Sie sich voll und ganz auf Ihre ausgewählten Ziele konzentrieren?
- Haben Sie für sich das richtige Maß zwischen Überlastung und Unterforderung gefunden?
- Können Sie Geduld beim Warten auf Belohnungen entwickeln?
- Können Sie gut zwischen wichtigen und unwichtigen Dingen unterscheiden?
- Verfügen Sie über ein stabiles Selbstvertrauen, ein Vertrauen in die eigenen Fähigkeiten?
- Verfügen Sie über eine ausgewogene analytische, kreative und praktische Denkweise?

Wir haben bei den Fragen zurückgegriffen auf Anregungen von Max Eggert, einem englischen Psychologen und Karriereberater, sowie von David Maister, einem amerikanischen Arbeitsforscher.
Quellen: Max Eggert, *The Perfect Career*, London 1994, und David Maister, zitiert nach Richard Nelson Bolles, *Job Hunting*, München 1970.

**Und auch hier: Eigenschaften –
Wie schätzen Sie sich selbst ein?**

Kreuzen Sie bei jeder der folgenden Eigenschaften an, wie stark vorhanden bzw. ausgeprägt diese Ihrer Meinung nach bei Ihnen ist:

6 = absolut stark vorhanden/ausgeprägt
5 = sehr deutlich vorhanden/ausgeprägt
4 = klar und deutlich vorhanden/ausgeprägt
3 = normal vorhanden/ausgeprägt
2 = ein klein wenig vorhanden
1 = nur sehr, sehr schwach vorhanden
0 = absolut überhaupt nicht vorhanden

	0	1	2	3	4	5	6
fleißig	0	1	2	3	4	5	6
extravertiert	0	1	2	3	4	5	6
akkurat	0	1	2	3	4	5	6
sorglos	0	1	2	3	4	5	6
stabil	0	1	2	3	4	5	6
offen	0	1	2	3	4	5	6
neugierig	0	1	2	3	4	5	6
kreativ	0	1	2	3	4	5	6
selbstbewusst	0	1	2	3	4	5	6
kommunikativ	0	1	2	3	4	5	6
ausdauernd	0	1	2	3	4	5	6
frustrationstolerant	0	1	2	3	4	5	6

Mehr zum Thema **Selbsteinschätzung** finden Sie unter *www.berufsstrategie-plus.de* und hier auf der beigefügten CD-ROM.

ARBEITSWELTFORMELN: KLP UND SOAP

Für die gezielte berufliche Selbstdarstellung sind zwei Orientierungsmodelle von einleuchtender, überzeugender Wirkungskraft. Das einfachere dieser beiden Modelle (entwickelt von Hesse/Schrader 1988) konzentriert sich auf drei Ebenen (**KLP**) und ist ganz schnell vermittelt:

- **Kompetenz:** alles, was Sie gelernt haben, wissen und können, kurzum: Ihre gesammelten beruflichen Erfahrungen, die Grundlagen
- **Leistungsmotivation:** das, was Sie bereits vorweisen können an beruflichen Erfolgen und was Sie glaubhaft in Aussicht stellen, noch alles in naher Zukunft zu tun
- **Persönlichkeit:** die Art und Weise, wie Sie ticken, aus was für einem Holz Sie geschnitzt sind, wie Sie mit anderen umgehen, klarkommen

Galt bis vor etwa 25 Jahren die fachliche Qualifikation – das reine Können – als der entscheidende Weichensteller, ob man Karriere machte oder Führungsverantwortung übertragen bekam, gilt seit etwa 20 Jahren die sichere Erkenntnis: Es sind die sozialen Komponenten, die **Persönlichkeit** und Art des Umganges mit den Mitmenschen, die Weichen stellend für die Karriere sind. Es ist die **soziale**, **emotionale** oder auch **Erfolgs-Intelligenz**, die über berufliche Leistung, also Produktivität, Erfolg und Zufriedenheit (die eigene und die Ihrer Kunden/Vorgesetzen) entscheidet.

Wichtigster Untersuchungsgegenstand für Personaler ist deshalb Ihre persönliche Verhaltensweise speziell im Umgang mit anderen Menschen. Und deshalb beschäftigen sich viele Auswähler in Bewerbungs- und Auswahlsituationen, insbesondere in Vorstellungsgesprächen und Assessment-Centern (AC), genau mit diesen Themenkomplexen.

Neben der zugegeben sehr einfachen **KLP-Formel** (Kompetenz, Leistungsmotivation und Persönlichkeit) sind folgende vier Untersuchungsthemen relevant, wenn es um Ihre persönliche Eignungsvoraussetzung und darum, was man Ihnen in beruflicher Hinsicht zutraut, geht:
Sozialverhalten, Führungs**O**rientierung, **A**rbeitsverhalten und **P**syche, abgekürzt und leicht zu merken: **SOAP** – das zweite wichtige Orientierungsmodell.

Schon klar, dass nicht für alle Berufe (der Chirurg muss aus anderem Holz geschnitzt sein als die Empfangsdame eines 5-Sterne-Grandhotels oder ein Tischler) immer das Gleiche gilt, jedoch sind die großen Themen wirklich gut vergleichbar!

Diese zeigen wir Ihnen jetzt im Einzelnen mit den entsprechenden Unterthemen:

1. Ihr Sozialverhalten – Ihre soziale Kompetenz
Oder: Wie gehen Sie mit anderen um? Wie kommen Sie mit anderen – und die mit Ihnen – klar?
Unterteilt nach Themen wie:
- Kontaktfähigkeit
- Teamfähigkeit
- Verträglichkeit
- Einfühlungsvermögen

2. Ihre (zukünftige) berufliche (Führungs-) Orientierung – Machtbewusstsein und Leistungsanspruch

Oder: Was für berufliche Ziele haben Sie? In welcher »Liga«, auf welcher Hierarchieebene wollen Sie spielen (Ross sein oder lieber Reiter, der Superspezialist oder der Anführer?)

Unterteilt nach und verbunden mit den Fragen: Wie steht es um Ihre …?

- Führungsmotivation
- Gestaltungsmotivation
- Leistungsmotivation
- Durchsetzungsfähigkeit

3. Ihr konkretes Arbeitsverhalten / Ihre Arbeitsweise

Oder: Problemlösungskompetenz – wie ist Ihr Arbeitsstil? Wie gehen Sie an Aufgaben heran?

Unterteilt nach Themen, Keywords wie:

- Handlungsorientierung
- Flexibilität
- Gewissenhaftigkeit
- Einfallsreichtum

4. Ihre psychische Konstitution – Ihr Seelenzustand

Oder: Persönliche Kompetenz – wie normal, wie stabil, wie gesund sind Sie?

Unterteilt nach Themen wie:

- Selbstbewusstsein
- Emotionale Stabilität
- Belastbarkeit
- Sympathie und Vertrauenswürdigkeit

Wichtig ist zunächst, dass Sie sich selbst mit diesen vier großen Themenblöcken (und den dazugehörigen Unterthemen) intensiv auseinandersetzen. Wie steht es also um Ihren persönlichen Macht- und Leistungsanspruch, wie schätzen Sie diesen ein und wie vermitteln Sie Ihre Arbeitsweise, Ihr Sozialverhalten und Ihren Seelenzustand? Die beiden Modelle **KLP** und **SOAP** geben Ihnen eine **Orientierung**, worauf es bei der **beruflichen Selbstdarstellung** wirklich ankommt, worum es inhaltlich geht. Jetzt hilft Ihnen der nächste sehr klar strukturierte Leitfaden (Selbstreflexion- und Beschreibungsvorschläge!), sich und Ihre Persönlichkeit inhaltlich optimal zu präsentieren und die »neuralgischen Punkte« (hat der Kandidat auch dieses und jenes drauf?) gezielt zu bedienen. Zu den beiden Modellen s. auch unter *www.berufs-strategie-plus.de*

STRATEGIE: DIE BESTE SELBSTPRÄSENTATION

Selbstmarketing, so unsere Erfahrung, wird von den meisten Bewerbern gar nicht oder in nur sehr geringem Maße betrieben. Ok, man zieht sich etwas netter an, wenn man zum Vorstellungsgespräch eingeladen worden ist, und bei der Erstellung der schriftlichen Unterlagen versucht man Fehler zu vermeiden. Aber worauf es wirklich ankommt, wie man sein Mitarbeitsangebot, seine Bewerbung umsetzt auf dem Papier, Bildschirm und in der persönlichen Begegnung, hier fehlt es doch den meisten an substanziellen Kenntnissen.

Wer weiß, in welcher Rolle er/sie auftreten will (jedenfalls größtenteils), und wem klar ist, was er/sie den Einladern, Interessenten, Beobachtern, Auftraggebern von sich vermitteln möchte, tritt anders auf und wird auch anders wahrgenommen. Wer aufgefordert ist, sich selbst zu präsentieren und wer vermitteln möchte, er/sie würde soundso ticken, sei aus

diesem oder jenem Holz geschnitzt (Persönlichkeit), habe diese besonderen Beweggründe (Leistungsmotivation) und sei auf die zukünftigen beruflichen Herausforderungen (Kompetenz) gut vorbereitet, kommt deutlicher und besser rüber und hilft der Auswahljury, sich leichter für ihn/sie zu entscheiden.

MERKBLOCK

Verdeutlichen Sie sich unbedingt zuallererst selbst, was Sie auf dem Arbeitsmarkt anzubieten haben, was Ihre besondere **Problemlösungskompetenz** ist, die Sie zu einem interessanten Bewerber macht.

Haben wir uns bisher vor allem mit dem *Was* beschäftigt: mit Ihrer Person, Ihren persönlichen Merkmalen und den (zukünftig notwendig werdenden) beruflichen Fähigkeiten, die Sie in Ihren Bewerbungsunterlagen möglichst überzeugend darstellen sollten, um eine Einladung zum Gespräch zu erhalten, und auf die Sie auch im Gespräch (Interview etc.) konkret angesprochen werden, geht es uns jetzt um das *Wie*, um den gelungenen Transfer:

- Auf die Frage »Was wollen Sie von sich vermitteln?« …
- … folgt jetzt die Frage: »Wie kommunizieren Sie das erfolgreich?«
- Und vor allem: »Wie verankern Sie es in den Köpfen Ihrer Adressaten und Entscheider?«

Kommunikationsziel, Botschaften und Argumentation (KBA)

Sie wollen einer Person einen Gedanken, eine Idee oder Botschaft näherbringen. Sie möchten eine Entscheidung beeinflussen. Sie soll so fallen, wie Sie es sich wünschen. Dabei müssen Sie ähnlich vorgehen, wie wir es aus der Welt der Werbung kennen. Das KBA-System, das wir Ihnen jetzt vorstellen, hilft Ihnen beim Selbstmarketing. Es eignet sich hervorragend, um erfolgreich zu kommunizieren und zu überzeugen.

Drei aufeinander abgestimmte Schritte (**K**ommunikationsziel, **B**otschaften und **A**rgumentation, **KBA**) sind dafür zu beachten:

1. Was wollen Sie Ihrem Gegenüber, z. B. dem Arbeitsplatzanbieter, kommunizieren? Was ist Ihr Anliegen, Ihr Ziel? Dies ist der wichtigste und schwierigste Baustein, der die längste Bearbeitungszeit in Anspruch nimmt, die Definition Ihres **Kommunikationsziels**.
2. Wie formulieren Sie aus den sorgfältigen Überlegungen zu Ihrem Kommunikationsziel verständliche, schnell begreifbare, überzeugende **Botschaften**? Hier kommt es besonders auf Ihre Fähigkeit an, etwas auf den Punkt zu bringen.
3. Wie belegen und untermauern Sie die ausgewählten und präzise formulierten Botschaften, um deren Glaubwürdigkeit und Überzeugungskraft (mittels **Argumentation**) ebenso zu stärken wie deren Erinnerungsgehalt?

Kommunikationsziel, Botschaften und Argumentation (KBA)

… sind ein Leitfaden, eine Art Struktur, ein Drei-Schritte-System, um sich inhaltlich so zu organisieren, dass bei Ihrem Gegenüber wirklich etwas ankommt und auch bleibt!

Das Kommunikationsziel

Der erste Schritt ist, zu überlegen, was Sie Ihren Gesprächspartnern von sich vermitteln wollen. Ohne Vorbereitung fällt vielen nur ein: »Ich will diesen oder jenen Job, denn ich bin der Beste, Kompetenteste, ganz besonders motiviert …«, so die häufigste, aber schwache Antwort. Denn auch andere Mitbewerber behaupten, für den Job am besten geeignet zu sein. Jetzt geht es für Sie darum: Wie können Sie es besser machen und sich von anderen positiv abheben?

Sie haben die Aufgabe, sich genau zu überlegen:
- was für ein Mensch Sie beruflich und privat sind,
- welche besonderen Fähigkeiten und Leistungsmerkmale Sie auszeichnen und
- was Sie damit zum Wohle eines Ihnen vertrauenden Auftraggebers oder eines Unternehmens, das Sie einzustellen wünscht, beitragen können und wollen?

Als Leitlinien können Sie die Betrachtungsebenen nutzen, die Sie bereits kennen: Kompetenz, Leistungsmotivation, Persönlichkeit (**KLP**) oder das etwas komplexere Modell **SOAP**: Sozialverhalten, berufliche Orientierung, Arbeitsverhalten, psychische Konstitution.

In einem zeitlichen Kontext geht es dabei immer um **Vergangenheit, Gegenwart** und **Zukunft (VGZ)**
- Woher kommen Sie und was haben Sie da geleistet?
- Wofür stehen Sie (Kompetenzen und Persönlichkeit)?
- Was können Sie für das Unternehmen zukünftig leisten, was ist Ihr Versprechen?

Diese Modelle dienen dazu, Ihr Kommunikationsziel zu identifizieren und Ihre Botschaften inhaltlich zu definieren – Botschaften, die Sie dann durch konkrete Berichte unterfüttern, um deren Glaubwürdigkeitsgehalt zu steigern.

Ihr definiertes und niedergeschriebenes Kommunikationsziel könnte z. B. so aussehen:

»Mein Kommunikationsziel ist es, den Personalentscheidern zu vermitteln, dass ich ein Mensch bin, der über außergewöhnliche kommunikative Begabungen verfügt. Darunter ist zu verstehen: Ich bin sehr gut in der Kontaktaufnahme zu anderen, kann mich schnell und gewandt ausdrücken und ohne große Hemmungen mit ganz unterschiedlichen Menschen leicht ins Gespräch kommen. Andere vertrauen mir auffallend schnell. Ich wirke auf viele Personen ermutigend und bin ein sehr guter und aufmerksamer Zuhörer. Trotz meiner Freude am Austausch mit anderen kann ich mich abgrenzen und agiere überlegt.«

Die Botschaften

In einem zweiten Schritt sollten Sie aus Ihren Zielvorstellungen klare und schnell zu verstehende Botschaften entwickeln. In unserem Beispiel wären das folgende drei:

1. *»Ich bin ein kommunikativ begabter Mensch, der mit anderen mühelos ins Gespräch kommt und dadurch nachhaltige Beziehungen aufbaut.«*
2. *»Ich gewinne schnell das Vertrauen anderer Menschen und bin ein guter und aufmerksamer Zuhörer, aber auch ein präziser Beobachter. Dadurch gelingt es mir, Probleme und deren Ursachen schneller zu erkennen und einer Lösung zuzuführen.«*
3. *»Bei aller Kontakt- und Kommunikationsfreudigkeit kann ich mich auch abgrenzen, bleibe souverän und unabhängig, vernachlässige keinesfalls das Nachdenken und Handeln.«*

Die Argumentation

»Die Botschaft hör ich wohl, allein mir fehlt der Glaube« – so lautet ein bekanntes Goethe-Zitat. Um diesen Glauben zu schaffen, ist es in einem dritten Schritt wichtig, die Argumente zu finden, die aus den Behauptungen Fakten werden lassen.

Denken Sie also darüber nach: Mit welchen beispielhaften Anekdoten, durch welche Detailbeschreibungen können Sie Ihrem Gegenüber verdeutlichen, dass Ihre in den Botschaften enthaltenen Aussagen glaubwürdig sind? Welche Situationen, Begebenheiten in Ihrem (Berufs-)Leben verdeutlichen, was Ihre Botschaften als Kurzformeln transportieren sollen? Wenn Sie hier den richtigen Erzählstoff beisammen haben, stehen Ihre Argumente. Sie können damit die Glaubwürdigkeit Ihrer überlegt ausgewählten Botschaften festigen und untermauern.

In unserem Beispiel könnten die Argumente so aussehen:

»Neben meinem BWL-Studium jobbte ich und baute mir dabei als Teamleiter für eine PR- und Eventagentur ein großes Netzwerk auf. Ich wurde und werde immer noch zu vielen privaten Veranstaltungen meiner Kollegen und sogar von Vorgesetzten eingeladen, bin mit einigen von ihnen in verschiedenen Interessengruppen zusammen. So hatte ich einen gewissen Informationsvorsprung, der mir oft geholfen hat besser zu verstehen, was die besonderen Herausforderungen sind.«

Anhand dieses Beispiels vermitteln Sie auch Ihre …

Kompetenz: Ausbildung, Werdegang (konkret, aber kurz benennen), die Schwerpunkte und Erfolge (dito), ein besonderes kommunikatives Geschick.

Leistungsmotivation: die Ziele im Ausbildungs- und beruflichen Sinne, die ich mir selbst gesetzt und erreicht habe – in vertrauensvoller Zusammenarbeit mit anderen.

Persönlichkeit: Ich bin ein kontakt- und kommunikationsstarker Typ, dem Menschen schnell vertrauen. Ich erweise mich dieses Vertrauens würdig!

Und so können Sie Ihre **Vergangenheit, Gegenwart** und **Zukunft** einbeziehen:

Vergangenheit: Woher komme ich, was habe ich da und dort bisher geleistet? Nach meinem Abitur … habe ich ein Studium … absolviert und bin dann wegen eines weiteren Praktikums nach … gegangen. Ich lernte auf diese Weise … Dadurch gelang es mir, dies und das zu begreifen … und so konnte ich … Ich habe dadurch …

1. Lerntest:
Welche Hauptaufgabe haben Ihre Bewerbungsunterlagen, egal ob E-Mail oder Onlineformular?

(Mehrere richtige Lösungen möglich! Für jede falsche Antwort 1 Punkt Abzug!)

Sie sollen …
a) überzeugen
b) beeindrucken
c) eine Einladung zum Vorstellungsgespräch bewirken
d) eine Kontaktaufnahme mit Ihnen (per Telefon, Mail etc.) bewirken

Die richtige Lösung finden Sie beim nächsten Lerntest auf Seite 16.

Gegenwart: Dafür stehe ich, so funktioniere ich: Neulich erfuhr ich von einem Kollegen, dass er an mir dies und das besonders schätzt. Ich kann nur sagen, ich stehe für … Meine wichtigsten Werte sind … Als mein Leitbild habe ich immer … angesehen. Dieser/jener hat mich besonders beeindruckt durch/weil … Das hat mich entscheidend geprägt.

Zukunft: Was verspreche ich, zukünftig für meinen Auftraggeber zu leisten: Ich sehe in dieser Problemkonstellation/in diesem Setting/bei dieser Aufgabe … eine besondere Herausforderung für mich, insoweit als …

LERNTEST

2. Lerntest:
Warum sind neben Kompetenz vor allem Sympathie und Leistungsmotivation so wichtig?

(Mehrere richtige Lösungen möglich!
Für jede falsche Antwort 1 Punkt Abzug!)

a) weil es immer um Vertrauen und Zutrauen geht
b) weil die Gefühle oft den Verstand dominieren
c) weil man letztlich vieles doch auch lernen kann

Die richtige Lösung finden Sie beim nächsten Lerntest auf Seite 23.

Lösung 1. Lerntest: c und d, jeweils 1 Punkt

Auf den Punkt gebracht

Überlegen Sie sich genau: Was ist Ihre Kernkompetenz oder, noch besser, Ihr **USP** (= Unique Selling Proposition, Alleinstellungsmerkmal) und wie vermitteln Sie das? Wie unterscheiden Sie sich angenehm von Mitbewerbern? Wie erstellt man von sich ein interessanteres Profil und wie und wo feilt man an seinem USP? Machen Sie sich bewusst, was Sie positiv von anderen Vertretern der gleichen Fachrichtung unterscheidet, also von anderen Brückenbau-Ingenieuren, wenn Sie Brückenbau-Ingenieur sind, oder von anderen Vertrieblern, Juristen, Ärztinnen, Krankenschwestern, Bibliothekarinnen etc.

Es empfiehlt sich auch, das Internet ganz bewusst zur beruflichen Selbstpräsentation einzusetzen. Spätestens wenn der Personalentscheider oder Ihr direkter Vorgesetzter *Sie* im WWW recherchiert, zählen die »Fundstücke«. Und das überlassen Sie besser nicht dem Zufall. Mit unserem Spezialbuch *Die überzeugende Selbstpräsentation im WWW* gelingt es Ihnen leicht, sich selbst und später dann auch Ihren »Besuchern« (beispielsweise auf Ihrer Homepage) zu verdeutlichen, wofür Sie beruflich stehen.

Was Sie jetzt sofort schon einmal tun können: Googeln Sie sich selbst und schauen Sie, was es über Sie im WWW alles zu finden gibt. Na, dann mal los!

Suchen

JOBSUCHE: VIELE WEGE FÜHREN ZUM ZIEL

Bevor Sie sich bewerben, gilt es, genau zu analysieren, in welchem Tätigkeitsfeld Sie aktiv werden wollen, in welcher Branche, für welche Position, mit welchen Aufgaben. Dabei hilft Ihnen die im vorherigen Kapitel beschriebene **Selbstanalyse**. Machen Sie sich also klar, wie Ihr Wunschunternehmen aussieht: ein Mittelständler mit kurzen Entscheidungswegen und breit angelegtem Aufgabenfeld, ein internationaler Konzern, bei dem die Möglichkeit besteht, einmal ins Ausland entsendet zu werden? Sind Sie flexibel, was den Arbeitsort betrifft, oder kommt nur eine Firma an Ihrem Wohnort infrage?

Wenn Sie Führungskraft werden wollen – gibt es dazu im Unternehmen die Möglichkeit? Wollen Sie in Ihrem bisherigen Aufgabengebiet tätig bleiben oder reizt Sie etwas Neues? Möchten Sie in einem kreativen, jungen Umfeld arbeiten oder bevorzugen Sie ein klassisch-strukturiertes? Streben Sie einen Branchenwechsel an oder möchten Sie zu einem Wettbewerbsunternehmen? Viele Fragen, die Sie zunächst klären sollten, bevor Sie mit dem eigentlichen Bewerbungsprozess starten.

Unser Tipp: Analysieren Sie intensiv Stellenanzeigen. Hier wird mehr oder weniger präzise formuliert, um welche Art von Tätigkeit und Umfeld es sich handelt. Dabei können Sie in sich horchen und feststellen, was Sie anspricht und warum. Die Kriterien, die Sie für sich als wichtig erachten, schreiben Sie auf. Auch so finden Sie nach und nach heraus, was Sie wollen, und welche Arbeitsplatzanbieter für Sie und Ihre Bedürfnisse und Vorstellungen infrage kommen. Haben Sie ermittelt, welche Position Sie genau anstreben, gibt es verschiedene Wege, um mit geeigneten Arbeitsplatzanbietern in Kontakt zu treten. Sie können:

- Ihr Netzwerk, Freunde und Bekannte kontaktieren und kommunizieren, was Sie suchen
- im Internet auf Stellenanzeigen z. B. bei Jobbörsen antworten
- eigene Stellengesuche oder Profile bei Jobbörsen hinterlegen
- auf Stellenangebote in Zeitungen/Zeitschriften antworten
- eigene Stellengesuche aufgeben
- sich initiativ bei Unternehmen Ihrer Wahl bewerben
- Ihre Unterlagen bei Personalberatern platzieren

ZEITGEMÄSS: RECHERCHIEREN UND KONTAKTIEREN IM INTERNET

Immer mehr Unternehmen nutzen das Internet, um neue Mitarbeiter anzuwerben. Über 90 Prozent der 1.000 größten deutschen Unternehmen veröffentlichen ihre Stellenausschreibungen (auch) auf der eigenen Homepage. Über 70 Prozent der Unternehmen nutzen regelmäßig die kommerziellen Jobbörsen im Internet. Und wer den potenziellen Arbeitgeber bereits kennt, findet auf der firmeneigenen Homepage neben aktuellen Jobangeboten auch interessante Informationen zu neuen Projekten, Firmenphilosophie oder Mitarbeiterzahlen.

Für jede Werbeagentur ist klar: Je mehr diese über ihren Kunden und dessen Vorstellungen und Wünsche weiß, desto besser kann diese ihn zufriedenstellen. Der Kunde muss den Eindruck gewinnen, dass man für genau seine Bedürfnisse eine passende Lösung parat hat. Stellen Sie sich vor, Sie selbst sind eine Werbeagentur: Sie wollen Ihren Kunden (also

Ihren zukünftigen Arbeitsplatzanbieter) überzeugen, dass gerade Sie und nur Sie seine Bedürfnisse richtig erkannt haben und voll befriedigen können. Sie wissen, was er von Ihnen erwartet. Versuchen Sie, optimal ins Firmenprofil zu passen! Das bedeutet: so viel wie möglich über Ihren Kunden, Ihren künftigen Auftraggeber, herauszufinden.

Informationen über den zukünftigen Arbeitgeber finden Sie natürlich im Internet (Tipps für die Recherche s. rechte Spalte), in speziellen Nachschlagewerken (z. B. *Hoppenstedt*/Beratung in einer Bibliothek!), in der Fachliteratur und in Zeitschriften. Lassen Sie sich – eventuell unter dem Namen eines Freundes – Informationsmaterial zusenden, oder bitten Sie telefonisch um Auskünfte, bei größeren Unternehmen um Geschäftsberichte, Presseinformationen oder Organigramme (Darstellungen der Struktur einer Firma).

Auch alle Arten von Messen sind gute berufliche Informations- und Kontaktbörsen.

Nutzen Sie ferner die Hilfe von Experten, nehmen Sie Angebote von Personalberatungen oder Bewerbungsberatern wahr. Denken Sie auch an die Kammern von Industrie, Handel und Handwerk bis hin zu besonderen Interessenvertretungen.

Und: Hören Sie sich auch in Ihrem Bekanntenkreis um, vielleicht arbeitet jemand bei Ihrem Wunschunternehmen. Dabei spielt es keine Rolle, ob Ihr Informant erfolgreich ist oder nicht, zufrieden oder schlecht auf das Unternehmen zu sprechen – filtern Sie das für Sie Wissenswerte heraus.

Übersicht: Fünf Situationen, in denen Sie das Internet für Ihre Arbeitsplatzrecherche gezielt nutzen können

- die Suche nach Informationen über Arbeitsplatzanbieter

- die Suche und eigene Platzierung auf virtuellen Arbeitsmärkten/in Jobbörsen

- die Suche nach Stellenangeboten aus Zeitungen/Zeitschriften

- die Suche nach Stellenangeboten auf den Seiten der Firmen

- und natürlich die digitale Kontaktaufnahme (mehr dazu auf S. 26 ff.)

---

1. Suche nach Informationen über Arbeitsplatzanbieter

Egal ob Sie sich bei einem Unternehmen bewerben wollen oder bereits zum Vorstellungsgespräch eingeladen sind – das Internet bietet hervorragende Informationsmöglichkeiten. Falls Sie die Internetadresse des Unternehmens nicht kennen, suchen Sie am besten mithilfe einer Suchmaschine (z. B. www.google.de, www.yahoo.de, www.altavista.de).

Checkliste:
Die wichtigsten Recherchefragen

☐ Wie groß ist das Unternehmen und seit wann existiert es?

☐ Welche Standorte gibt es, was wird dort gemacht?

☐ Sind Umsatzzahlen bekannt?

☐ Wie viele Mitarbeiter/-innen gibt es?

☐ Wird eine Firmenphilosophie dargestellt?

☐ Wie werden Kunden angesprochen?

☐ Ist die Homepage technisch auf dem neuesten Stand?

☐ Werden aktuelle Informationen angeboten oder sind diese veraltet?

☐ Welche Mitbewerber/Konkurrenten hat der Betrieb auf dem Markt und wie steht er da?

☐ Welchen Ruf genießt das Unternehmen, seine Produkte /Dienstleistungen/ ggf. die Aktien?

☐ Was wurde bisher über das Unternehmen berichtet? (Nicht nur auf der unternehmenseigenen Seite recherchieren!)

☐ Was gibt es an aktuellen Ereignissen, Entwicklungen, die für dieses Unternehmen oder die Branche relevant sind?

Bei Bewertungsplattformen wie www.kununu.com oder www.jobvoting.de lesen Sie, was andere (Ex-, aber auch noch tätige) Mitarbeiter über das Unternehmen und die Arbeitsatmosphäre schreiben. Diese Einschätzungen sind natürlich sehr subjektiv und es lassen sich nicht ohne Weiteres Rückschlüsse ziehen auf die Bedingungen in anderen Abteilungen des Unternehmens.

2. Suche und eigene Platzierung auf virtuellen Arbeitsmärkten

Inzwischen gibt es weit über 300 Internetadressen, unter denen Unternehmen und Institutionen Stellen anbieten. Meistens geben Sie in ein Suchfeld die Branche ein, in der Sie arbeiten, und den Ort. So können Sie die Angebote herausfiltern, die für Sie infrage kommen. Viele dieser Anbieter haben sich auf einen bestimmten Bereich spezialisiert.

Manche der Jobbörsen bieten den Bewerbern (eventuell gegen eine Gebühr) an, ihre »Lebensläufe« abzubilden, sodass auch Arbeitsplatzanbieter die Profile der einzelnen Bewerber einsehen können.

Die wichtigsten Arbeitsmarkt-Adressen sind:
- www.arbeitsagentur.de
- www.stellenanzeigen.de
- www.cesar.de
- www.jobpilot.de
- www.jobware.de
- www.stellenmarkt.de
- jobs.zeit.de
- www.jobscout24.de
- www.jobrobot.de
- www.stepstone.de
- www.monster.de

Zeitarbeitsfirmen:
- www.manpower.de
- www.randstad.de

Metasuchmaschinen:
- www.jobworld.de
- www.evita.de

Internationale Stellenmärkte:
- www.cadresonline.com (Frankreich)
- www.job-consult.com (Europa)
- www.jobmonitor.com (Österreich, Schweiz)
- www.jobserve.com (weltweit)
- www.jobsite.co.uk (Europa)

3. Suche nach Stellenangeboten in Zeitungen und Zeitschriften

Die meisten Zeitungen stellen ihre Stellenanzeigen auch online zur Verfügung – eine sehr gute Möglichkeit, den Kauf von Zeitungen/Zeitschriften und Fachblättern zu umgehen und zudem gezielter zu recherchieren. Achten Sie aber darauf, dass die Stellenanzeigen aktuell sind!

Sie finden natürlich auch nach wie vor gedruckte Stellenangebote in fast allen deutschen Tageszeitungen. Während die überregionalen Medien, allen voran die FAZ und die Süddeutsche, sich besonders als Markt für Fach- und Führungskräfte etabliert haben, suchen kleine und mittelständische Unternehmen überwiegend in regionalen Zeitungen neue Mitarbeiter. Schauen Sie unbedingt auch in branchenspezifische Fachblätter. Gerade diese werden gerne zur Neugewinnung von Mitarbeitern genutzt.

Kurzübersicht:
Süddeutsche Zeitung
   jobcenter.sueddeutsche.de
Handelsblatt
   www.handelsblatt.de
Frankfurter Allgemeine Zeitung
   fazjob.net
Die Zeit
   jobs.zeit.de
Der Tagesspiegel
   karriere.tagesspiegel.de

In Ihrer Region und für Ihre Branche gibt es bestimmt noch weitere Printangebote. Wenn Sie genau wissen, in welcher Branche Sie arbeiten wollen, sehen Sie sich unbedingt auch in den entsprechenden Fachpublikationen um. Sie finden auch diese per Suchmaschine.

4. Suche nach Stellenangeboten auf den Seiten der Firmen

Viele Firmen haben eigene Job-Seiten auf ihren Homepages. Viele sind aktuell und ernst gemeint. Manche Firmen schreiben jedoch aus Imagegründen immer Stellen aus nach dem Motto: »Uns geht es wirtschaftlich so gut, dass wir immer Leute einstellen.«

5. Digitale Kontaktaufnahme

Per E-Mail (aber auch per Telefon) können Sie sehr schnell Kontakt mit einem zuständigen Fach- oder Personalabteilungsmitarbeiter eines Ihrer Wunscharbeitgeber aufnehmen oder direkt Ihre Online-Bewerbung versenden.

ANALYSE: STELLENANGEBOTE RICHTIG AUSWERTEN

Es existieren drei Varianten von Stellenanzeigen:
1. Anzeigen, die eine direkte Kontaktaufnahme mit dem potenziellen Arbeitgeber ermöglichen.
2. Anzeigen, bei denen eine Personalberatungsfirma zwischengeschaltet ist, die im Auftrag des Arbeitgebers die Bewerberauswahl übernimmt.
3. Anzeigen, deren Auftraggeber inkognito bleibt und nur über Chiffrezuschrift an die Zeitung erreicht werden kann.

Aufbau einer Stellenanzeige

Die Anzeige gliedert sich in ...

1. **Firmenpräsentation**
   ➥ wer sucht?
2. **Konkretes Stellenangebot**
   ➥ für welche Tätigkeit?
3. **Anforderungen**
   ➥ wen, mit welchen Qualifikationen/ Fähigkeiten?
4. **eventuell Hinweise auf die Vergütung, Einstellungsdatum, Aufstiegschancen, Arbeitszeiten etc.**
   ➥ zu welchen Bedingungen?
5. **Art der gewünschten Kontaktaufnahme**
   ➥ vollständige Bewerbungsunterlagen, E-Mail-Bewerbung etc.?

Entscheidend für Sie als Bewerberin oder Bewerber ist die Frage: Passe ich mit meinem Profil auf die ausgeschriebene Position und zu dem Unternehmen?

So analysieren Sie Stellenanzeigen und -angebote richtig

Mit einer Stellenanzeige, egal ob in den Printmedien oder im Internet, wirbt ein Unternehmen um Aufmerksamkeit und um Mitarbeit. Manche Unternehmen bringen in ihrer Anzeige präzise zum Ausdruck, was sie suchen und anzubieten haben, andere texten nebulös oder unrealistisch. Lassen Sie sich also weder von den guten noch von den schlechten Anzeigen zu sehr in die eine oder andere Richtung (zu optimistisch, zu pessimistisch) beeinflussen. Jetzt sind Sie zunächst in der Position, zu beurteilen und auszuwählen.

Grundsätzlich fordern die meisten Unternehmen neben den sogenannten Hard Skills auch Soft Skills. Zu den harten Fakten zählen z. B. Ausbildungs- und Bildungsabschlüsse (Tischler, Buchhalterin, Diplom-Ingenieur, Betriebswirt, Mediziner etc.) oder eine entsprechende Berufserfahrung. Zu den weichen Kriterien gehören soziale Kompetenzen wie Kommunikationsfähigkeit oder Teamorientierung.

Übersicht: Soft Skills/Hard Skills

Zu den Hard Skills gehören z. B.:
- spezielles Fachwissen
- eine besondere Berufserfahrung
- Mitarbeiterführungsverantwortung
- EDV-Kenntnisse
- Sprachen
- Auslandserfahrung

Zu den Soft Skills gehören z. B.:
- soziale Kompetenz
- selbstständiges Arbeiten
- Kundenorientierung
- Team- und Projektarbeit
- Belastbarkeit, Kritikfähigkeit
- Lernfähigkeit

Die Anforderungen lassen sich dabei in Muss- und Soll-Kriterien unterteilen. Formuliert das Stellenangebot bei den Hard Skills ausdrücklich »Voraussetzung ist ...« oder »Erwartet wird ...« sollte das Profil des Bewerbers nicht allzu weit vom Geforderten abweichen. »Haben Sie außerdem noch ...« signalisiert deutlich: »Wir bevorzugen Bewerber, die dieses Kriterium erfüllen.«

Faustregel: Ob Tageszeitung, Fachjournal oder Online-Jobbörse – ein Angebot kommt dann für Sie infrage, wenn Sie **mindestens 60 Prozent** der gestellten Anforderungen erfüllen.

Lassen Sie sich als Anfänger und Einsteiger weder blenden noch zu schnell von Anzeigenformaten und »ausführlichsten« Anforderungen entmutigen. Hier gilt das Gleiche wie für Sie als Bewerber: Ein schlechter Text bedeutet nicht automatisch eine schlechte Firma bzw. Aufgabe und umgekehrt, ein guter Text ist keine Garantie, dass die Arbeitswirklichkeit auch so aussieht.

Die 10 wichtigsten Tipps zum Thema Anforderungen in Stellenzeigen haben wir noch einmal kompakt für Sie zusammengestellt in einer Top-Ten-Liste, die Sie sich unter *www.berufsstrategie-plus.de* herunterladen und ausdrucken können.

Checkliste: Nach diesen Kriterien können Sie Ihren Analyse- und Auswahlprozess steuern:

- Wie wirkt die Anzeige auf Sie (Format, Gestaltung, Text)?

- Um was für ein Unternehmen handelt es sich (Kleinbetrieb, Mittelständler, Konzern, öffentlicher Dienst)?

- Wie stellt sich das Unternehmen dar (modern, international, konservativ)?

- Was wird zu den Produkten oder Dienstleistungen ausgesagt?

- Ist eine Unternehmensphilosophie erkennbar?

- Können Sie mit der Aufgabenbeschreibung, dem zukünftigen Tätigkeitsfeld, etwas anfangen?

- Sind die beruflichen und persönlichen Anforderungen an den Bewerber klar zu identifizieren?

- Wird nach Muss-, Soll- und Kann-Anforderungen unterschieden?

- Werden berufliche Spezialkenntnisse verlangt?

- Werden besondere Persönlichkeitsmerkmale angesprochen?

- Welche Anforderungen (fachlich wie persönlich) erfüllen Sie?

- Welche Anforderungen werden Sie in naher Zukunft erfüllen können?

- Welche Anforderungen erfüllen Sie nicht und warum nicht?

- Was wird dem zukünftigen Mitarbeiter geboten?

- Wie sind folgende Kriterien dargestellt: Erfahrung, Mindest- oder Höchstalter, Arbeitszeit, Mobilität, Fortbildung, Entwicklungschancen?

- Und diese: Bewerbungsfrist, Bezahlung, Eintrittstermin, Einarbeitung?

- Was könnten Sie dem Unternehmen in fachlicher und in persönlicher Hinsicht anbieten?

- Was wissen Sie bereits über das Unternehmen und wo können Sie weitere Informationen erhalten?

- Sind in der Anzeige Ansprechpartner, Adresse, Telefon, Homepage benannt?

- Sind Sie motiviert und ergibt es Sinn, sich mit der Anzeige und weiteren Recherchen dazu zu beschäftigen? Warum ja, warum nein?

AKTIV: INITIATIVBEWERBUNG

Blind-, Direkt-, kalte oder aktive Bewerbung – gemeint ist immer dasselbe: Sie nehmen von sich aus, unaufgefordert Kontakt zu einem potenziellen Arbeitgeber auf. Gut formuliert und ansprechend präsentiert haben Initiativbewerbungen eine gute Chance. Etwa 20 bis 30 Prozent aller Bewerber erhalten auf diesem Weg einen Job.

Vorteil: Sie sind nicht einer von vielen Bewerbern, die Konkurrenz ist deutlich geringer.

Weiterer Nutzen: Wenn Sie in der Bewerbungsphase aktiv eigene Ideen verwirklichen, die über das bloße Reagieren hinausgehen, stärkt das Ihr Selbstbewusstsein. Zufriedenheit und Selbstvertrauen wirken sich sowohl auf Ihr Befinden als auch auf Ihre Überzeugungskraft aus.

Die Herausforderung bei der Initiativbewerbung ist, dass Sie präzise und überzeugend darstellen müssen, warum Sie gerade in diesem Unternehmen in dieser Position arbeiten wollen und was Sie Besonderes zu bieten haben.

SELBSTBEWUSST: STELLENGESUCHE AUFGEBEN

Das eigene Stellengesuch ist eine gute, wenn auch meist mit Kosten verbundene Möglichkeit, aktive Werbung in eigener Sache zu betreiben. Wählen Sie sorgfältig die richtige Plattform für Ihre Annonce.

Die wichtigsten **Printmedien** für Fach- und Führungskräfte sind nach wie vor die überregionalen deutschen Tageszeitungen. Aber auch Fachzeitschriften Ihrer Branche können Ihnen zum Auftritt vor einem interessierten Arbeitgeber-Publikum verhelfen. Und insbesondere das **Internet:** Die klassischen Jobbörsen oder Business-Netzwerke wie beispielsweise XING sind hervorragende Markplätze für Ihr Angebot. Umfangreiche Informationen zu besonderen Wegen der Bewerbung wie beispielsweise Postkarten- oder Plakataktionen finden Sie in unserem Buch *Neue Formen der Bewerbung.*

Ein gutes Stellengesuch zeichnet sich durch einen dichten Informationsgehalt auf engem Raum aus: Nur das Wesentliche steht da und dennoch werden die drei W-Fragen »Was habe ich zu bieten?« (berufliche Schwerpunkte, fachliche und soziale Kompetenzen, Qualifikationen und ggf. Sprach- und PC-Kenntnisse), »Wer bin ich?« (Alter, Geschlecht, Mobilität, Ausbildungsabschluss und Titel) und »Was suche ich?« beantwortet.

Gefragt ist die Kunst der Reduktion. Die Leitfragen heißen: »Welche Eigenschaften sind für die Position, die ich mir wünsche, besonders wichtig?« und »Welche Eigenschaften besitze ich, die optimal zu dieser Position passen?« Je prägnanter und kürzer der Text für die hervorstechenden Merkmale des Bewerbers wirbt, desto besser.

Unser Tipp: Zeitungsannoncen sind Ihnen zu teuer? Dann inserieren Sie (meistens) kostenfrei im Internet bei einer der großen Jobbörsen. Erfolg verspricht dieses Stellengesuch besonders dann, wenn Sie Arbeitgeber aus dem IT-Bereich oder anderen internetnahen Branchen suchen.

TELEFONISCH: KOMMUNIKATIONSSTÄRKE UNTER BEWEIS STELLEN

Die meisten Bewerber verlassen sich ausschließlich auf ihre schriftlichen Bewerbungsbemühungen und warten auf eine Einladung zum Vorstellungsgespräch. Obwohl Informationen eigentlich am schnellsten und leichtesten über das Telefon weiterzugeben sind, haben viele Bewerber Hemmungen, ihre potenziellen Arbeitgeber anzurufen. Viele fürchten, nicht die richtigen Worte zu finden oder einen schlechten Eindruck zu hinterlassen. Dabei liegen die Vorteile eines Telefonats klar auf der Hand: Durch einen Anruf kann man sich bereits in der ersten Bewerbungsphase positiv von anderen Kandidaten abheben, bevor die Bewerbungsunterlagen bewertet werden. Die meisten Unternehmen suchen kontaktfreudige und kommunikative Mitarbeiter. Ein gut vorbereitetes Telefongespräch ist also die beste Möglichkeit, die eigene Kommunikationsfähigkeit (soziale Kompetenz) unter Beweis zu stellen. Hier können Sie einen ersten positiven Eindruck hinterlassen. Eine solche Aktion muss gut überlegt sein. Rechnen Sie immer damit, dass sich Ihr Gesprächspartner Notizen über Sie macht, und bereiten Sie deshalb ein solches Telefongespräch unbedingt gründlich, am besten schriftlich, vor. Einfach nur mal so anzurufen wäre sehr leichtsinnig.

Optimale Voraussetzungen sind ein ruhiger Ort, ein guter Zeitpunkt und die Möglichkeit, sich nebenbei Notizen zu machen. Überlegen Sie sich im Vorfeld: Wen wollen Sie sprechen, was genau fragen, was von sich mitteilen? Es gibt in einer Bewerbungsphase verschiedene Situationen, in denen der Griff zum Telefon Sie weiterbringen kann:

Übersicht: Telefonsituationen

- Recherche: Informationen zum Unternehmen sammeln
- Kontakt aufnehmen
- Kontakt halten
- Nachfassen nach dem Vorstellungsgespräch
- (Rück-)Anrufe potenzieller Arbeitgeber

Recherche: Informationen zum Unternehmen sammeln

Bevor Sie mit Ihrer Bewerbung beginnen, sollten Sie möglichst viele Informationen über das anvisierte Unternehmen recherchieren. Schließlich wollen Sie sich als optimaler Problemlöser für genau dieses Unternehmen präsentieren. Rufen Sie zunächst in der Telefonzentrale des Unternehmens/der Institution an. Oft wird man Sie von dort in die Öffentlichkeitsabteilung weiterverbinden. Lassen Sie sich ein Profil, eine Pressemappe oder ähnliche Unterlagen zusenden. Bei größeren Unternehmen sind außerdem oft Broschüren und Mitarbeiterzeitungen für einzelne Geschäftsbereiche (denken Sie in diesem Zusammenhang auch an die Internetrecherche, s. S. 17–19) erhältlich.

Kontakt aufnehmen

Wenn in der Stellenanzeige darauf hingewiesen wird, dass Bewerber zusätzliche Informationen telefonisch erfragen können, lohnt es sich auf jeden Fall, dieses Angebot zu nutzen. Tun Sie dies nicht, ist das zwar kein Minuspunkt, aber Sie vergeben eine gute Chance, positiv auf sich aufmerksam zu machen. Wenn Sie es geschickt anstellen, kann die telefonische Nachfrage neugierig auf Ihre Person machen. Überlegen Sie sich eine intelligente Frage. Man wird Ihr Interesse schätzen und Ihren Namen »im Hinterkopf speichern«. Auch wenn es in der Anzeige nicht ausdrücklich angeboten wird, dürfen Sie im Unternehmen anrufen, selbst wenn keine Telefonnummer angegeben ist.

Vielleicht schaffen Sie es, bereits während des Telefonats persönliche Sympathie bei Ihrem Gesprächspartner zu mobilisieren. Das gelingt beispielsweise, wenn man überraschend auf Gemeinsamkeiten stößt (»Ach, Sie haben auch in Marburg gelebt.«). Übertreiben Sie aber nicht, indem Sie zu vertraulich werden. Versuchen Sie mit aller gebotenen Vorsicht, eine Art »emotionale Brücke« entstehen zu lassen und wenn es auch nur über den Austausch über das aktuelle Wetter (»Oh, bei Ihnen scheint die Sonne, wir haben es hier leider etwas bewölkt.«) geschieht: Hauptsache, Sie kommen auf angenehme, leichte Weise in Kontakt. Nach einem solchen Telefongespräch fällt auch der erste Satz im Anschreiben an Ihren Gesprächspartner leichter. Der kann dann ungefähr so lauten: »Vielen Dank für das informative Telefonat am 15. März. Das Gespräch hat mich darin bestärkt, mich bei Ihnen um die Position als ... zu bewerben ...« Sollten Sie den Entscheidungsträger nicht persönlich an die Strippe bekommen und mit seinem Referenten oder der Assistentin telefoniert haben, empfiehlt es sich dennoch, im Einleitungssatz Ihres Bewerbungsanschreibens darauf hinzuweisen: »Nach einem Telefonat mit Ihrem Mitarbeiter, Herrn X / Ihrer Assistentin, Frau Y ...« Höchstwahrscheinlich wird sich der Adressat in einem solchen Fall bei der genannten Person über den Anrufer erkundigen und sich deren persönlichen Eindruck schildern lassen.

Kontakt halten

Belassen Sie es nicht dabei, lediglich einmal beim Wunscharbeitgeber anzurufen. Unterstreichen Sie Ihr Interesse, indem Sie am Ball bleiben. Nicht täglich, aber alle eineinhalb bis zwei Wochen dürfen Sie sich schon melden. Eventuell schreiben Sie statt eines Telefonats auch einmal eine E-Mail (s. S. 68).

LERNTEST

3. Lerntest:
Am Samstagvormittag klingelt Ihr Telefon: Der Personaler des Unternehmens, bei dem Sie sich vor zwei Wochen beworben haben, ist dran und fragt, ob Sie Zeit haben, mit ihm zu telefonieren. Worauf kommt es jetzt an?

(Mehrere richtige Lösungen möglich! Für jede falsche Antwort 1 Punkt Abzug!)

a) Nerven behalten
b) sich die Überraschung nicht anmerken zu lassen
c) den geplanten Lebensmittel-Wocheneinkauf zu verschieben
d) eine Ausrede zu erfinden, warum es gerade leider nicht gut geht
e) für Ruhe in Ihrer Umgebung zu sorgen, damit Sie ungestört telefonieren können
f) Ihre Bewerbungsunterlagen in greifbarer Nähe zu haben

Die richtige Lösung finden Sie beim nächsten Lerntest auf Seite 25.

Lösung 2. Lerntest: Alle Antwortmöglichkeiten sind richtig, jeweils 1 Punkt.

Bei solchen Aktionen sollte immer eine Kopie Ihrer Bewerbung griffbereit neben dem Telefon liegen, denn, wenn Sie sich an mehreren Stellen beworben haben, können Sie nicht mehr genau wissen, was Sie wem wie geschrieben haben. Machen Sie sich Notizen, wann die Kontakte stattgefunden haben. Seien Sie außerdem darauf vorbereitet, über Ihre Gehaltsvorstellung befragt zu werden. Am besten antworten Sie auf eine solche Frage nicht direkt, sondern machen deutlich, dass Sie inhaltlich (intrinsisch) motiviert sind und Geld für Sie zwar eine Rolle spielt, aber nicht die entscheidende.

Halten Sie den Kontakt auch nach einem Vorstellungsgespräch. Rufen Sie an und bedanken sich für das Gespräch und bekunden Sie Ihr verstärktes Interesse an der Stelle.

Rückruf potenzieller Arbeitgeber

Nicht nur Sie können zum Telefon greifen, sondern natürlich auch der potenzielle Arbeitgeber. Wenn Sie sich bei einem Unternehmen beworben haben, sollten Sie immer damit rechnen, angerufen zu werden. Denken Sie also in dieser Phase daran, sich nicht gerade mit Ihrem Spitznamen oder sonstigen Scherzen an Ihrem Telefon zu melden. Und geben Sie diese »Warnung« und weitere Verhaltensregeln auch an die Personen, mit denen Sie zusammenleben und die möglicherweise Ihren Telefonanschluss mitbenutzen. Ist der Text auf Ihrem Anrufbeantworter/Ihrer Mailbox seriös genug? Ziehen Sie sich, wenn es gerade etwas laut und hektisch ist (laute Kleinkinder, kläffende Haustiere, Musik etc.), in eine ruhige Ecke zurück.

Sorgen Sie dafür, stets alle nötigen Unterlagen in Reichweite zu haben. Nichts ist peinlicher, als wenn Sie nicht mehr wissen, worum es eigentlich geht und welcher Arbeitgeber unter all den von Ihnen angeschriebenen sich gerade meldet!

Viele Arbeitgeber führen, bevor sie Kandidaten zum persönlichen Vorstellungsgespräch einladen, telefonische Interviews, um einen ersten Eindruck vom Kandidaten zu gewinnen. Bereiten Sie sich darauf unbedingt vor, damit Sie es in die nächste Runde schaffen. Literaturtipp: *Hesse/Schrader Training Vorstellungsgespräch*.

KONTAKTSTARK: SOZIALE NETZWERKE

Kontakte sind das A und O in der Arbeitswelt. Mehr als 30 Prozent der deutschen Arbeitnehmer finden einen neuen Job durch die Vermittlung von Bekannten und Freunden. Sie verfügen nicht über die richtigen Beziehungen? Dann sorgen Sie dafür, dass diese entstehen – z. B. durch Freunde, Verwandte, Nachbarn, Ex-Kollegen, Bekannte etc. Jedenfalls ist das neben der Nutzung und unter Einbezug des Internets ein Erfolg versprechender Weg.

Jeder Mensch verfügt über ein natürliches größeres oder kleineres Kontaktnetzwerk – bestehend aus den oben genannten Personengruppen. Es liegt an Ihnen, sich das erstens bewusst zu machen und zweitens es bestmöglich zu nutzen, um eingeschlafene Kontakte (mit aller Vorsicht) zu reaktivieren, neue zu knüpfen, zwischen Ihren Kontakten zum Nutzen aller zu vermitteln etc. Dies geschieht unter Einhaltung gewisser Regeln (Stichwort: Networketikette, *www.berufsstrategie-plus.de*).

Das Internet bietet immer mehr Möglichkeiten, Kontakte zu finden, zu knüpfen und zu pflegen. Die sozialen Netzwerke haben einen entscheidenden Vorteil: Sie geben Ihnen Gelegenheit, Kontakte über regionale und hierarchische Grenzen zu knüpfen. Anfangs wurden Informationen im World Wide Web überwiegend von Institutionen publiziert. Inzwischen ermöglichen neuere Technologien dynamisch generierte Websites, sodass die User sich immer mehr selbst an der Informationsweitergabe, am Austausch und an der Bekanntmachung beteiligen können – in Blogs, Foren und eben in den sozialen Netzwerken. Es geht also neben Information um Kommunikation und Networking.

Chancen sozialer Netzwerke

Kennzeichen eines stabilen, effektiven Netzwerks ist eine gewisse Ausgewogenheit im Geben und Nehmen. Jeder sollte einen Nutzen davon haben. Die Basis ist, sich gegenseitig zu helfen und im Rahmen der jeweiligen Möglichkeiten seinen beruflichen Zielen näherzukommen. Das Ideal ist eine sogenannte Win-win-Situation.

Ihr Nutzen sind immer neue Ansprechpartner für Ihre Fragen und damit eine große Vielfalt an Ansichten, aus denen Sie sich dann Ihre eigene Meinung bilden können. Zwischen den Mitgliedern existiert ein schneller Informationsfluss über News aus der Branche, wichtige Termine, einflussreiche Ansprechpartner etc. Internetkontakte können selbstverständlich auch im »Real Life« gepflegt werden. Das sollten sie sogar, denn eines erspürt ein virtuelles Netzwerk nicht: die persönliche »Chemie«.

Trotz aller Sympathie, die durch regelmäßige Postings entsteht, – eine persönliche Begegnung wird in jedem Fall die Sympathie verstärken oder falsche Eindrücke korrigieren. Außerdem birgt ein persönliches Gespräch immer noch etwas andere Möglichkeiten, mehr über sein Gegenüber zu erfahren. Dinge wie Stimme, Mimik und Gestik, das Auftreten

---

Sich trauen

»Nein, mit anderen über meine Arbeitslosigkeit sprechen oder im Internet mich mit wildfremden Menschen dazu austauschen, das geht für mich gar nicht! Nein und nochmals nein, das will ich nicht, das kann ich nicht! Ich, äh, ich schäme mich so.« Es ist nicht einfach, mit Frau Schneider – verheiratet, 48 Jahre alt, kinderlos – überhaupt darüber zu reden, sie gar zu überreden, dem einen oder anderen Menschen in ihrer Umgebung ihr »Geheimnis« vielleicht anzuvertrauen. Mittlerweile kennen 99 von 100 Menschen in unserem Land jemanden persönlich, der aktuell von Arbeitsplatzverlust und Arbeitslosigkeit betroffen ist. Und es ist davon auszugehen, dass etwa ein Viertel aller neuen Jobs auf direktem, persönlichem Empfehlungsweg zustande kommen. Das ist doch eine Chance, die genutzt werden will. Trauen Sie sich!

und das Verhalten anderer Menschen gegenüber sind unerlässlich, um einen Menschen besser einschätzen zu können und eine wirkliche Vertrauensbasis aufzubauen.

Je intensiver Sie sich an Ihrem Netzwerk beteiligen, desto eher können Sie sich mit Ihrem Wissen profilieren, werden also selbst zum begehrten Ansprechpartner – z. B. von potenziellen Kunden. Haben Sie ein Anliegen, dürfen Sie in Ihrem Netzwerk effektiv dafür werben. Sie können sich auch nach außen empfehlen durch die Übernahme von Ämtern wie z. B. einer Moderatorentätigkeit oder der Bereitschaft, »echte« Treffen zu organisieren.

Ein weiterer Vorteil: Sie sparen sich durch Ihr Netzwerk kostbare Zeit, die Sie ansonsten investieren müssten, um sich passende Kontakte für Ihr Anliegen zu suchen. Außerdem können Sie Ihre soziale Kompetenz unter Beweis stellen. Gelten Sie als hilfsbereit und zuverlässig, profitieren Sie davon, wenn Sie einmal Hilfestellung brauchen. Außerdem bekommen Sie jede Menge neue berufliche Impulse und Anregungen. Konkretester Nutzen ist in jedem Fall die Akquirierung eines neuen Jobs oder neuer Aufträge.

Was ein guter Netzwerker braucht

Für den größtmöglichen Nutzen aller muss jeder Netzwerker bestimmte Voraussetzungen mitbringen: Natürlich sollte er über ein gewisses Fachwissen verfügen und unter Beweis stellen können, dass er zumindest Erfahrung in seinem Metier hat. Idealerweise hat er selbst bereits ein gutes Kontaktnetzwerk, das er einbringen kann. Grundvoraussetzung ist natürlich, dass er sein Wissen mit den Mitgliedern teilen möchte und sich nicht nur als Nutznießer des Wissens anderer präsentiert. Networking erfordert aber auch ein hohes Maß an sozialer Kompetenz. Zuallererst sollten Sie die Regeln der Networketikette kennen (s. *www.berufsstrategie-plus.de*), um sich das nötige Vertrauen innerhalb Ihres Netzwerks zu erwerben.

Als interessanter Netzwerker sollten Sie über ein gewisses Maß an Menschenkenntnis verfügen, um die richtigen Kontakte auszuwählen und ein Netzwerk nicht durch wahlloses »Einsammeln« von Kontakten zu gefährden. Kontaktfreude ist notwendig, aber nur in der richtigen Dosierung. Wichtig ist Loyalität, Respekt (auch vor anderen Meinungen), Einfühlungsvermögen, die Bereitschaft, zu vermitteln,

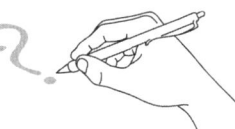
4. Lerntest:
Wie hoch schätzen Sie die Prozentzahl der Arbeitsplatzbesetzungen durch geschicktes Networking ein?

(Mehrere richtige Lösungen möglich! Für jede falsche Antwort 1 Punkt Abzug!)

a) über 90 %
b) zwischen 60 – 80 %
c) zwischen 50 – 60 %
d) etwa bei 50 %
e) zwischen 20 – 40 %
f) höchstens um die 10 %

Die richtige Lösung finden Sie beim nächsten Lerntest auf Seite 34.

Lösung 3. Lerntest: a und b jeweils 0,5 Punkte; e und f jeweils 1 Punkt

Kompromissbereitschaft, aber vor allem – Hilfsbereitschaft. Haben Sie selbst Hilfestellung erhalten, sollten Sie dies unbedingt anerkennen und Ihrerseits Hilfe im Rahmen Ihrer Möglichkeiten anbieten.

Schauen Sie im Internet nach sozialen Netzwerken, die inhaltlich zu Ihren beruflichen Zielen passen. Zeigen Sie sich interessiert an Diskussionen und Fachaustausch und integrieren Sie sich durch eigene, möglichst fundierte Beiträge (Texte). Auf diese Weise können Sie interessante neue Kontakte knüpfen sowie Ihre eigene Online-Reputation verbessern. Ausführlicher gehen wir ab Seite 112 auf Business-Communities, wie z. B. XING, ein.

Unser Tipp: Der sicherste Weg zum Vorstellungsgespräch führt über Bekannte oder über Bekannte von Bekannten, die Ihren Wunsch-Arbeitgeber kennen. Jede Person, die Sie kennen, kommt als Kontakt infrage. Jedes Familienmitglied, jeder Ihrer Freunde, jeder Händler oder Verkäufer, der Ihnen begegnet, jeder Handwerker, der in Ihrer Wohnung etwas repariert, jedes Mitglied Ihres Sportvereins, jeder Lehrer, der Sie einmal unterrichtet hat, jede Person, der Sie vorgestellt werden. Einfach alle Personen, denen Sie während Ihrer Arbeitssuche begegnen. Überlegen Sie, wen Sie gezielt ansprechen könnten. Stellen Sie eine Liste zusammen – am besten sofort.

E-Mail-Bewerbungen

REZEPTE: STANDARDS ODER »ERLAUBT IST, WAS GEFÄLLT«

Wenn es um die Gestaltung von schriftlichen Bewerbungsunterlagen geht, liest oder hört man gelegentlich von starren Empfehlungen und Regeln, wie z. B. »Keinesfalls ein Hobby anführen!«, »Niemals Gehaltsvorstellungen benennen!« und vielerlei mehr. Manche Aussagen sind sogar widersprüchlich und verunsichern eher, als zu helfen. Vergessen Sie dies alles!

Es gibt keinen Königsweg für die hundertprozentig erfolgreiche, überzeugende schriftliche Bewerbung. Man kann auch mit einer sehr sorgfältig gestalteten und inhaltlich tadellosen Bewerbung nicht jeden Personalchef überzeugen. Aber schön wäre doch, wenn jeder zweite oder dritte Ihr Mitarbeitsangebot zu schätzen wüsste und positiv darauf reagiert. Wie das gelingen kann, erfahren Sie auf den folgenden Seiten.

Bei einer E-Mail-Bewerbung gibt es keine definierten Standards. Wir sagten es schon. Die Ihnen bekannten drei Elemente Anschreiben, Lebenslauf und Zeugnisse kommen aber auch hier zum Einsatz. Die meisten verstehen unter einer E-Mail-Bewerbung ein kurzes Anschreiben im Textfeld des E-Mail-Programms. Dazu kommen im Anhang meistens ein ausführliches Anschreiben (muss aber auch nicht sein, insbesondere wenn Sie schon eine etwas ausführlichere Mail getextet haben) und der Lebenslauf. Häufig fügt man hier auch noch das letzte und evtl. vorletzte Zeugnis bei oder eröffnet noch eine weitere Anlage (wir sind jetzt bei Nr. 2!), in der man dann die Zeugnisse unterbringt (aber bitte nicht mehr als 10 Seiten, eher weniger!)
Entscheidend: Auch hier gibt es einen Ermessensspielraum. Eine Vorschrift, wie was zu machen ist, was alles dazu gehört und was nicht, existiert nicht.

ÜBERBLICK: BESTANDTEILE DER E-MAIL-BEWERBUNG

Anschreiben

Sie haben in der Mailmaske z. B. die Möglichkeit, kurz Ihre Highlights (Ihre USPs/Alleinstellungsmerkmale) vorzustellen und dann ausführlicher (aber besser auch nicht mehr als eine Seite) im Anhang vor Ihrem Lebenslauf ein klassisches Anschreiben unterzubringen, es gibt aber auch andere Varianten. Wir gehen noch näher darauf und auf alle weiteren Bestandteile der Bewerbung (Lebenslauf, Foto, Anlagen) ein (s. ab S. 29).

Lebenslauf

Ihren Lebenslauf gestalten Sie in Form und Inhalt wie bei einer traditionellen Bewerbung und fügen ihn dann Ihrer E-Mail-Bewerbung in der Anhangsdatei bei. Von der Reihenfolge her steht der Lebenslauf hinter dem Anschreiben (sofern Sie sich für ein Anschreiben in der Anhangsdatei entschieden haben).

Übrigens: Mehr als zwei Drittel aller Personaler handhaben E-Mail-Bewerbungen wie eine schriftliche Bewerbung. Ihr Adressat druckt die E-Mail-Bewerbung aus und legt sie auf den Stapel der bereits eingegangenen Bewerbungsmappen. Deshalb ist ein gut formatierter Lebenslauf besonders wichtig. Alternativ können Sie ihn auch als absolute Kurzversion direkt in die E-Mail schreiben. Dies erspart dem Leser bei der ersten Durchsicht einen zweiten Klick auf eine angehängte Datei und damit Zeit. Sie sollten aber den ausführlich gestalteten Lebenslauf entweder parat haben oder ihn gleich als PDF-Datei anhängen. Ausführliche Informationen zur Gestaltung finden Sie ab S. 40.

Foto

Scannen Sie Ihr Bewerbungsfoto ein bzw. lassen Sie sich hierbei von professioneller Seite helfen. Speichern Sie das eingescannte Bild in einem universell verbreiteten Bildformat ab und fügen Sie es in Ihren Lebenslauf (alternativ in Ihr Anschreiben, was schon sehr ungewöhnlich wäre) ein. Schicken Sie Ihr Foto nie allein und achten Sie darauf, dass das Bild nicht zu viel Speicherplatz einnimmt, damit die Datenmenge Ihrer Bewerbung nicht zu groß wird. Konkret empfehlen wir Ihnen das jpg-Format, das über unterschiedlichste Computersysteme hinweg akzeptiert wird. Alternativ, weil ebenfalls sehr gebräuchlich, können Sie auch das gif-Format verwenden.

Sollten Sie diese Aufgaben nicht allein bearbeiten können und auch im Freundeskreis keinen Computerexperten kennen, so finden Sie häufig in größeren Copyshops professionelle PC-Arbeitsplätze inklusive kompetentem Fachpersonal, das Ihnen dann die notwendige Unterstützung geben kann. (Mehr zum Foto ab S. 37)

Zeugnisse

Nach dem Anschreiben und dem Lebenslauf folgen (wenn Sie es wollen, kein Muss!) Ihre Zeugnisse. Wählen Sie nicht zu viele, jedoch die für Sie und den Empfänger wichtigsten Zeugnisse aus, scannen Sie diese in Schwarz-Weiß ein und fügen Sie sie dem zentralen Dokument am Ende an.

Warum nicht »with a little help from my friends« – professionelle Unterlagen

Das größte Problem waren für mich die Bewerbungsunterlagen. Ich hatte einen richtigen »Horror« davor, wusste aber auch, ohne geht es nicht. Meine Schwierigkeit bestand vor allem darin, für das, was ich alles mitteilen wollte, eine angemessene Form zu finden. Lange dokterte ich selbst daran herum, aber die Ergebnisse waren eher unbefriedigend. Schließlich halfen mir zwei Freunde. Der eine hatte inhaltlich gute Ideen, insbesondere wie man was zusammenfasst und was getrost draußen bleiben kann, der andere war ein Profi in Sachen grafischer Darstellung am PC und wusste auch sonst gut mit der technischen Seite des Vorhabens Bescheid. Dank dieser Unterstützung hat es dann für mich ganz schnell Einladungen zu Vorstellungsgesprächen gegeben.

Aufteilung auf die Dateien
Unser Rat: Versenden Sie möglichst nur 1 Anlage (bitte nicht mehr als 3), wobei die Datenmenge nicht zu groß sein sollte und das Dokument mit einem aussagefähigen Namen, z. B. *bewerbung_anne_schulz_25102013*, versehen ist. Achten Sie dann innerhalb des angefügten Dokuments auch auf die schon angesprochene, richtige Reihenfolge der Texte.

Und noch ein Tipp: Beim Einscannen von Unterlagen (Zeugnisse etc.) sollten Sie absolute Professionalität an den Tag legen und ggf. Dokumente einscannen lassen, wenn Sie selbst dazu nicht in der Lage sind. Der Copyshop Ihres Vertrauens hilft Ihnen bestimmt.

VORÜBERLEGUNGEN: FEHLER UND VORTEILE

Wir sagten es schon, der Trend ist eindeutig: Immer mehr Unternehmen bevorzugen eine digitale »Bewerbungsmappe«, zugeschickt per E-Mail. Ihre E-Mail-Bewerbung wird allerdings auch nur dann erfolgreich sein, wenn Sie bestimmte Empfehlungen beherzigen.

Inhaltlich betrachtet unterscheiden sich, wie gesagt, per Internet verschickte Unterlagen nur wenig von klassischen schriftlichen Bewerbungen. Bei beiden Varianten gelten die gleichen Erfolgskriterien bzw. wird mit der richtigen Vorbereitung die Basis für eine überzeugende Ansprache des potenziellen neuen Arbeitgebers gelegt. Fragen Sie sich zunächst:

- Welche konkreten Geschäftsfelder hat die Firma?
- In welcher Form kann ich dort meine Kompetenzen bestmöglich einbringen?
- Wie kommuniziere ich mein berufliches Profil erfolgreich?

Diese Punkte gilt es generell zu klären, erst dann sollten Sie sich mit dem Verfassen und der Zusammenstellung der digitalen Unterlagen beschäftigen.

Und, ganz klar: An dieser Stelle wird von Ihnen eine gewisse technische Kompetenz verlangt. Sie sollten sich also, wenn das Medium Internet nicht sowieso zu Ihrem (beruflichen) Alltag gehört, im Vorfeld unbedingt in Ruhe damit beschäftigen. Hilfe für Ihre technischen Fragen bekommen Sie sicherlich aus Ihrem Freundes- und Bekanntenkreis oder im Internet auf den Bewerbungsseiten selbst bzw. durch Foren und Kontaktaufnahme.

Was eine E-Mail-Bewerbung beinhalten sollte, steht nicht definitiv fest. Die Ihnen bekannten drei Elemente Anschreiben, Lebenslauf und Zeugnisse sind aber auch hier gefragt. Die meisten verstehen unter einer E-Mail-Bewerbung ein kurzes Anschreiben im Mail-Feld selbst und zusätzlich (aber eben nicht immer) ein ausführlicheres im Anhang, zusammen mit Ihrem Lebenslauf. Aber es gibt auch andere Möglichkeiten (s. Muster auf S. 29).

Typische Fehler

Es gibt einige Fehlerquellen, die den Bewerber von vornherein in einem schlechten Licht erscheinen lassen können. Zu den typischen Fehlern, die bei E-Mail-Bewerbungen oft gemacht werden, zählen:

- E-Mails beziehen sich nicht auf ein spezielles Inserat, sondern werden als Initiativbewerbung nach dem Motto gestrickt: »Ich würde gerne bei Ihnen mitarbeiten wollen, was können Sie mir anbieten …?«.
- E-Mails samt einer Reihe von diversen Anhängen, deren Inhalte nicht aus den Namen hervorgehen, werden vergeschickt.
- E-Mails samt Anhängen werden zeitgleich wahllos an viele Adressen verschickt.
- Jegliche Formalität wird außer Acht gelassen.
- Rechtschreibung und Grammatik sind nicht fehlerfrei.
- Die Absenderangaben oder die Adresse wirken unprofessionell.
- Die Betreffzeile ist schlecht oder unzureichend getextet.

- Dokumente enthalten Viren.
- Riesige Dateianhänge legen beim Empfänger das System lahm oder lassen sich gar nicht öffnen.
- Die Kennzeichnung und Zuordnung ist kryptisch (unverständlich).
- Ein Rattenschwanz an Werbung wird mittransportiert.
- Die E-Mail wird mit einer Empfangsbestätigung verschickt.
- Die E-Mail enthält seltsame Zeichen.

Versetzen Sie sich vor dem Versand Ihrer Unterlagen einfach einmal in die Situation eines Personalentscheiders: Niemand will beim Herunterladen minutenlang warten, anschließend diverse Dateianhänge öffnen und dann entscheiden, ob und was ausgedruckt wird. Um einen ungefähren Richtwert zu nennen: Eine E-Mail-Bewerbung sollte nicht mehr als 2–3 Megabyte groß sein und nur Anschreiben und Lebenslauf umfassen, vielleicht noch das letzte Arbeitszeugnis oder in einer Extradatei, die mit angehängt ist (damit wären wir also bei 2 Anhängen) einige ausgewählte Zeugnisse (aber bitte nicht mehr als 10 Seiten, besser weniger!). Ein Unternehmen, das Interesse am Bewerber hat, fordert bei Bedarf schnell weitere Informationen an.

Bei großer Unsicherheit können Sie sich durch ein Telefonat vorab über die bevorzugten Dateiformate und Dateigrößen informieren. **Und noch ein Tipp:** Versenden Sie Ihre Unterlagen zum Test an sich selbst und drucken Sie sämtliche Dokumente einmal aus. Hierdurch können Sie sofort bestimmte Formatierungsfehler erkennen.

Beachten Sie auch, dass manche kostenlosen E-Mail-Provider am Ende der Nachricht ungefragt Werbung platzieren. Dies können Sie ebenfalls mit einer Test-E-Mail erkennen und dann ggf. für Ihre Bewerbungsaktivitäten einen anderen Provider verwenden.

Vorteile von E-Mail-Bewerbungen

Mit einer E-Mail-Nachricht können Sie nicht nur relativ einfach Bewerbungsunterlagen versenden, sondern auch Geld für Erstellungs- und Versandkosten sparen. Zudem sind Ihre Unterlagen innerhalb weniger Sekunden beim Empfänger, sodass dieser dann unmittelbar darauf reagieren kann.

Insgesamt ergeben sich bei einer technisch kompetenten Nutzung des Mediums Internet verschiedene Variationsmöglichkeiten, z. B. Versand einer Kurzbewerbung, formuliert im Text einer normalen E-Mail. Schauen wir uns das im nächsten Abschnitt einmal ausführlicher an.

AUSWAHL: VERSCHIEDENE VARIANTEN

Beachten Sie bitte, dass beim Versand von Anlagen idealerweise nur ein zentrales Dokument (keinesfalls mehr als 3 Dokumente) verschickt werden sollte. Dies vereinfacht das Abspeichern und Öffnen für die Empfänger und stellt auch sicher, dass keine Unterlagen übersehen oder vergessen werden.

1. Variante – empfohlen für die erste Kontaktaufnahme

Mail-Text inklusive Lebenslaufdaten ohne Datei-Anhang (maximal sechs Absätze; insgesamt weniger als 20 Textzeilen): formuliert wie ein »klassisches« Anschreiben mit den wichtigsten Ausbildungsdaten; wegen der minimalistischen Form sehr beliebt bei Personalern

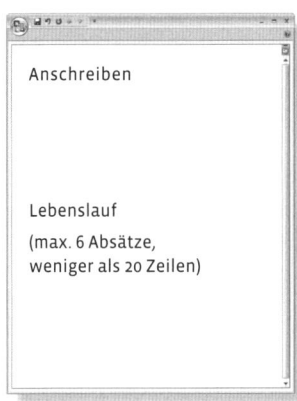

2. Variante – empfohlen für Positionen unter 35.000 Euro Jahresbruttoeinkommen

- Mail-Text (maximal sechs Absätze; insgesamt weniger als 20 Textzeilen): mit allen Punkten, die wir für ein »klassisches« Anschreiben empfehlen (s. S. 56 ff.), plus …
- Datei-Anhang mit Lebenslauf und Ausbildungs- bzw. Hochschulzeugnis, Praktikumsnachweisen, Arbeitszeugnissen etc.
- oder eine Extradatei mit Ausbildungs- bzw. Hochschulzeugnis, Praktikumsnachweisen, Arbeitszeugnissen etc.

3. Variante – empfohlen für Positionen ab etwa 35.000 Euro Jahresbruttoeinkommen

- Mail-Text (maximal drei Absätze; insgesamt weniger als sechs Textzeilen): kurz Bezug nehmen auf Ihre Bewerbung, ggf. das Telefonat, ggf. Bewerbungs-Homepage; drei Kernkompetenzen nennen, plus …
- Datei-Anhang mit »klassischem« Anschreiben und Lebenslauf, eventuell plus …
- Ausbildungs- bzw. Hochschulzeugnis, Praktikumsnachweise, Arbeitszeugnisse etc., eventuell in einer Extradatei

Für alle Varianten gilt:

- Die Schriftgröße sollte nicht kleiner sein als 10 Punkt, 11 oder 12 Punkt sind am besten.
- Die Unterschrift am Ende der Mail können Sie tippen oder (nicht unbedingt nötig) Ihre Originalunterschrift in Blau scannen und einfügen.
- Reihenfolge des Mailtextes: (persönliche) Anrede, Text, Grußformel, Unterschrift, Absenderblock (mit Ihren Kontaktdaten), Hinweis auf beigefügte Anlagen-Dateien (falls welche mitgeschickt werden).
- Alles auf das Wesentliche reduzieren, keine langen Texte.

Beispiele für die verschiedenen Mail-Varianten

Variante 1

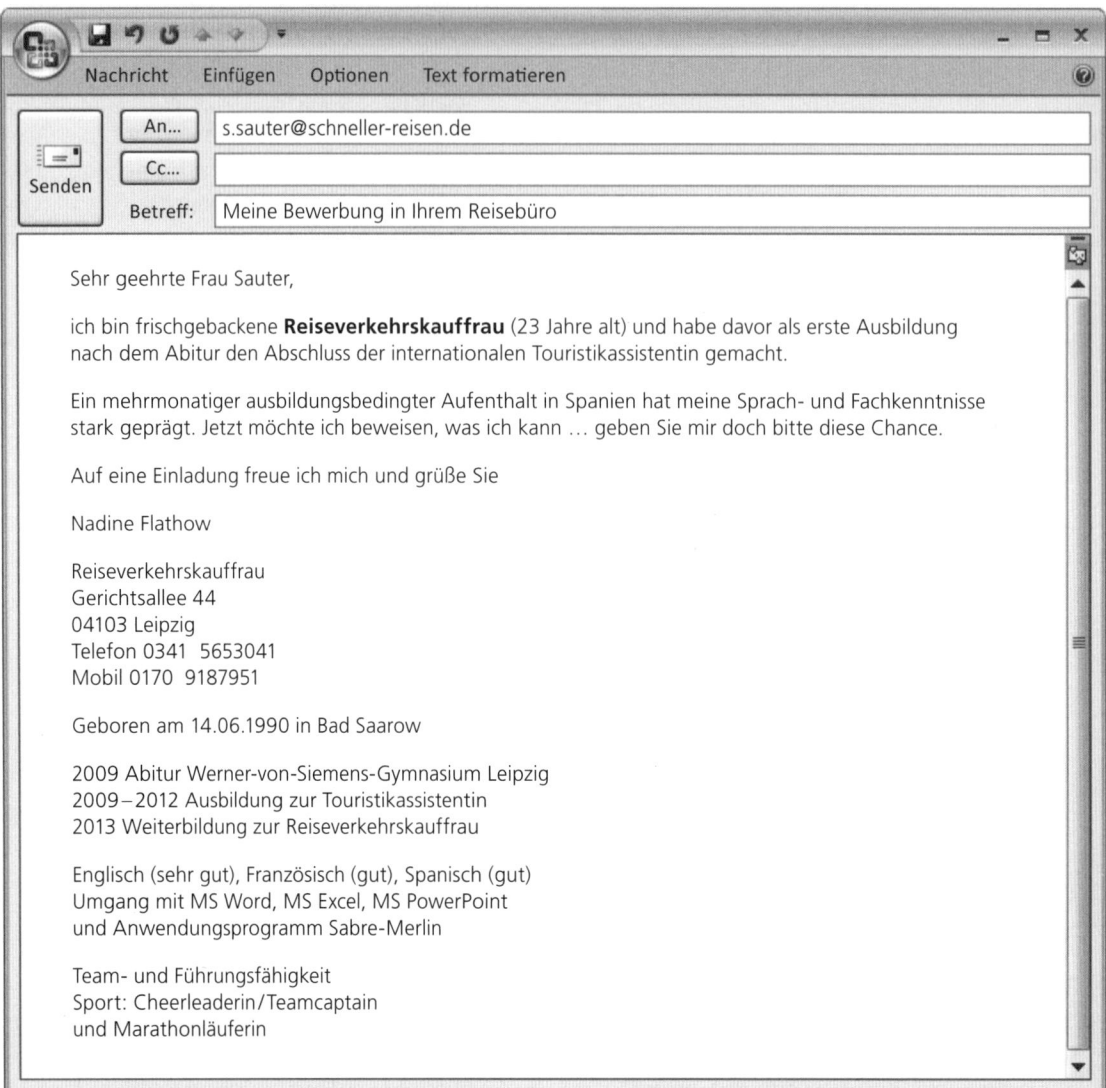

Nachricht   Einfügen   Optionen   Text formatieren

An... s.sauter@schneller-reisen.de

Cc...

Betreff: Meine Bewerbung in Ihrem Reisebüro

Sehr geehrte Frau Sauter,

ich bin frischgebackene **Reiseverkehrskauffrau** (23 Jahre alt) und habe davor als erste Ausbildung nach dem Abitur den Abschluss der internationalen Touristikassistentin gemacht.

Ein mehrmonatiger ausbildungsbedingter Aufenthalt in Spanien hat meine Sprach- und Fachkenntnisse stark geprägt. Jetzt möchte ich beweisen, was ich kann … geben Sie mir doch bitte diese Chance.

Auf eine Einladung freue ich mich und grüße Sie

Nadine Flathow

Reiseverkehrskauffrau
Gerichtsallee 44
04103 Leipzig
Telefon 0341 5653041
Mobil 0170 9187951

Geboren am 14.06.1990 in Bad Saarow

2009 Abitur Werner-von-Siemens-Gymnasium Leipzig
2009–2012 Ausbildung zur Touristikassistentin
2013 Weiterbildung zur Reiseverkehrskauffrau

Englisch (sehr gut), Französisch (gut), Spanisch (gut)
Umgang mit MS Word, MS Excel, MS PowerPoint
und Anwendungsprogramm Sabre-Merlin

Team- und Führungsfähigkeit
Sport: Cheerleaderin/Teamcaptain
und Marathonläuferin

Kommentar zu Variante 1

Text: Kurz und treffend – direkt in der E-Mail-Maske. Durch wenige Zeilen wird hier beim Leser Interesse an der Bewerberin geweckt. Die persönliche Ansprache sorgt ebenfalls dafür, dass dieses Angebot wahrgenommen wird.

Absenderadresse: Diese kommt, wie bei E-Mails üblich, ans Textende. Hier geht es aber noch mit einem Mini-Lebenslauf weiter. Sehr gute Idee! Rundet das positive Bild der Bewerberin ab.

Umfang: Mehr muss nicht sein bei der ersten Kontaktaufnahme. Keine weiteren Anlagen, die eingescannt und mitgeschickt werden. Wichtig wäre jedoch vielleicht noch der Hinweis, dass man gerne mehr an Unterlagen auf Wunsch vorlegt, vorab oder bei der ersten persönlichen Begegnung.

Kommentar zu Variante 2

Text: Ein überzeugender, Interesse weckender Anschreibentext in der Mailmaske, der mit einem »klassischen« Anschreibentext vergleichbar ist.

Anhang: Als Anlage befinden sich im Anhang, zusammen oder getrennt, ein entsprechender Lebenslauf (siehe dazu S. 33) und die Zeugnisse.

Variante 2

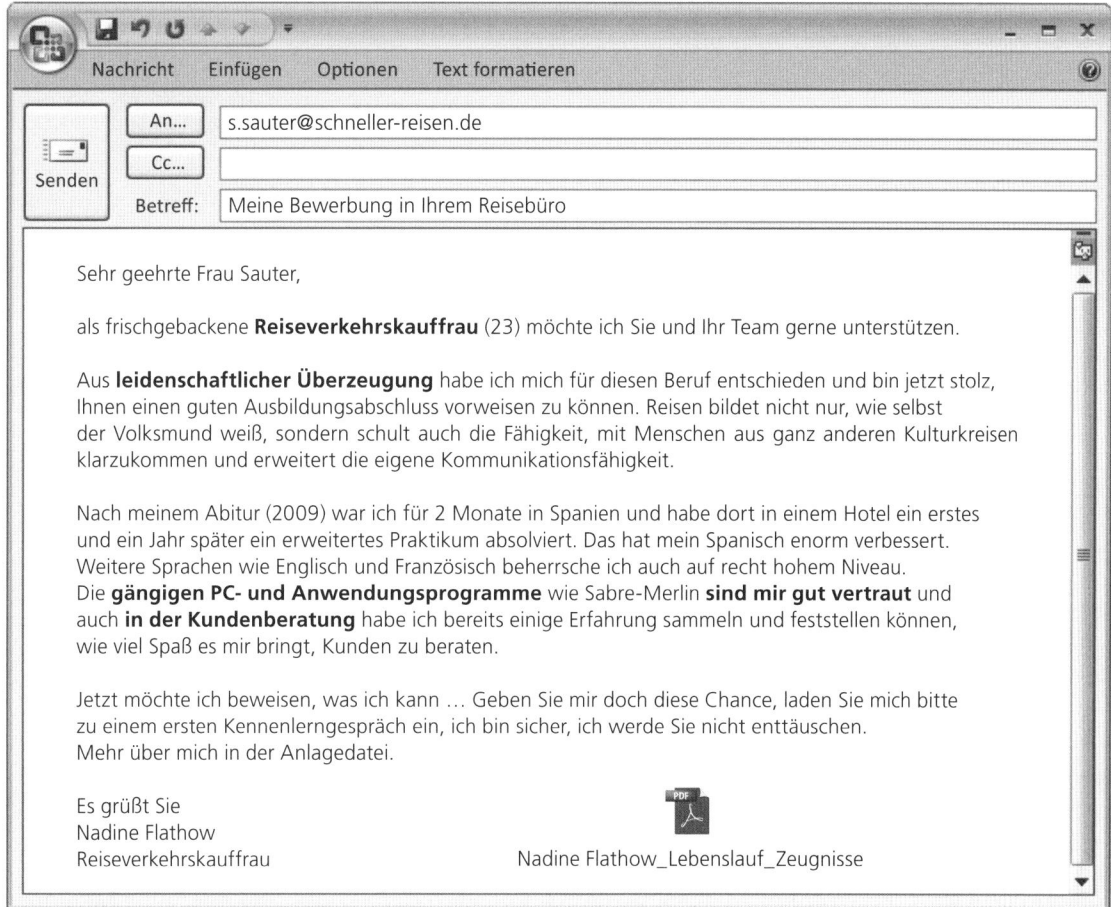

An... s.sauter@schneller-reisen.de

Cc...

Betreff: Meine Bewerbung in Ihrem Reisebüro

Sehr geehrte Frau Sauter,

als frischgebackene **Reiseverkehrskauffrau** (23) möchte ich Sie und Ihr Team gerne unterstützen.

Aus **leidenschaftlicher Überzeugung** habe ich mich für diesen Beruf entschieden und bin jetzt stolz, Ihnen einen guten Ausbildungsabschluss vorweisen zu können. Reisen bildet nicht nur, wie selbst der Volksmund weiß, sondern schult auch die Fähigkeit, mit Menschen aus ganz anderen Kulturkreisen klarzukommen und erweitert die eigene Kommunikationsfähigkeit.

Nach meinem Abitur (2009) war ich für 2 Monate in Spanien und habe dort in einem Hotel ein erstes und ein Jahr später ein erweitertes Praktikum absolviert. Das hat mein Spanisch enorm verbessert. Weitere Sprachen wie Englisch und Französisch beherrsche ich auch auf recht hohem Niveau. Die **gängigen PC- und Anwendungsprogramme** wie Sabre-Merlin **sind mir gut vertraut** und auch **in der Kundenberatung** habe ich bereits einige Erfahrung sammeln und feststellen können, wie viel Spaß es mir bringt, Kunden zu beraten.

Jetzt möchte ich beweisen, was ich kann … Geben Sie mir doch diese Chance, laden Sie mich bitte zu einem ersten Kennenlerngespräch ein, ich bin sicher, ich werde Sie nicht enttäuschen. Mehr über mich in der Anlagedatei.

Es grüßt Sie
Nadine Flathow
Reiseverkehrskauffrau

Nadine Flathow_Lebenslauf_Zeugnisse

Variante 3

An... s.sauter@schneller-reisen.de

Cc...

Betreff: Meine Bewerbung in Ihrem Reisebüro

Sehr geehrte Frau Sauter,

als frischgebackene **Reiseverkehrskauffrau** (23) (Schulabschluss Abitur 2009) möchte ich Sie und Ihr gesamtes Team sehr gerne unterstützen.
Mehr über mich in der Anlagedatei.

Es grüßt Sie
Nadine Flathow, Reiseverkehrskauffrau
Gerichtsallee 44 in 04103 Leipzig, Mobil 0170 9187951

Nadine Flathow_Anschreiben_Lebenslauf

Kommentar zu Variante 3

Text: Sehr gut! Selbst mit wenigen Zeilen kann es gelingen, eine erste wichtige Botschaft zu vermitteln.
Anhang: Dafür ist jetzt aber eine Anlage notwendig. In dem beigefügten Anhang befinden sich in einer Datei Anschreiben (s. S. 32), Lebenslauf (s. S. 33) und eventuell das letzte Arbeits- oder Ausbildungszeugnis. Für den Empfänger ist es praktischer, beides in einer Datei und nicht zwei einzelne Dateien zu erhalten.

Als vierte Variante könnte die Bewerberin denselben Text wählen wie in Variante 3, aber zusätzlich noch Arbeitsproben und Zeugnisse beifügen.

Nadine Flathow
Reiseverkehrskauffrau
Gerichtsallee 44
04103 Leipzig
Telefon 0341 5653041
Mobil 0170 9187951

Schneller Reisen GmbH
Frau Sauter
Promenade 35
01122 Dresden

Leipzig, 04.01.14

Meine Bewerbung in Ihrem Reisebüro

Sehr geehrte Frau Sauter,

im Internet bin ich auf Ihre Anzeige gestoßen.

Ich (23) bin frischgebackene **Reiseverkehrskauffrau** und habe davor als erste Ausbildung **nach dem Abitur** den Abschluss der internationalen Touristikassistentin gemacht.

Ein mehrmonatiger ausbildungsbedingter **Aufenthalt in Spanien** hat meine Sprach- und Fachkenntisse stark geprägt.

Jetzt möchte ich beweisen, was ich kann … geben Sie mir doch bitte diese Chance.

Auf eine Einladung freue ich mich
und grüße Sie aus Leipzig

Nadine Flathow

Anlagen

PS: Privat bin ich sportlich sehr aktiv und **Teamcaptain der Cheerleader** der Leipzig Lions (American Football), also alles andere als eine Couch-Potato …

LEBENSLAUF

Nadine Flathow
Reiseverkehrskauffrau

Gerichtsallee 44, 04103 Leipzig
Tel: 0341 5653041
Mobil: 0170 9187951
E-Mail: n.flathow@freenet.de

geboren am 14.06.1990 in Bad Saarow
unverheiratet, keine Kinder, ortsungebunden

Schul- und Berufsausbildung

2000–2009	Werner-von-Siemens-Gymnasium Leipzig, Abschluss: Abitur
2009–2012	Ausbildung zur Staatl. Geprüft. Intern. Touristikassistentin an der Berufsfachschule für Wirtschaft in Borna
2013	Weiterbildung zur Reiseverkehrskauffrau bei der Akademie für Wirtschaft und Verwaltung in Dresden

Berufserfahrung

2009 + 2011	Praktikum im 5-Sterne-Hotel Melia Sancti Petri in Spanien
2011	Praktikum im Reisebüro Suntours in Lindenthal / Leipzig

Fähigkeiten

Fremdsprachen in Wort und Schrift: Englisch (sehr gut), Französisch (gut), Spanisch (gut)

Computerprogramme: Sabre-Merlin, MS Office

Führerschein Klasse B

Team- und Führungsfähigkeit

Interessen und Hobbys

Teamcaptain der Cheerleader der American Footballmannschaft Leipzig Lions, Marathonläuferin

Leipzig, 04.01.2014

Nadine Flathow

Nadine Flathow / Lebenslauf im Dateianhang

Was Sie bei Ihrer E-Mail formal unbedingt beachten müssen

Auf die Adresse achten

Nennen Sie Ihre eigene E-Mail-Adresse, mit der Sie sich bewerben wollen, auf keinen Fall Mausi100@hotmail.com oder etwas in der Art. Empfehlenswert ist eine Kennzeichnung mit richtigem Vor- und Zunamen sowie der Versand von einem neutralen Account aus, wie z. B. web.de, gmx.de oder google-mail.com.

Beispiel: elisabeth.brinckmann@web.de.

Außerdem sollten Sie auch auf die E-Mail-Adresse des Empfängers achten. Ein Versand Ihrer Unterlagen an eine anonyme Sammeladresse wie info@FirmaXY.de ist nicht ratsam, da hier das Risiko besteht, dass Ihre Nachricht entweder verzögert oder überhaupt nicht zum richtigen Ansprechpartner weitergeleitet wird. Versuchen Sie deshalb den zuständigen Firmenvertreter, inklusive dazugehöriger E-Mail-Adresse, zu recherchieren und greifen Sie hierfür ruhig auch zum Telefon.

Die Betreffzeile

Wählen Sie eine aussagekräftige, individuelle Betreffzeile für Ihre Bewerbung aus. Z. B »Meine Bewerbung als Krankenschwester« oder »Ein Vertriebsprofi stellt sich vor«. So kann Ihre Nachricht besser zugeordnet werden und Sie riskieren nicht, dass man die E-Mail für eine Massensendung oder vielleicht sogar für eine Werbebotschaft (Spam) hält.

Schrift (Art, Größe, Farbe) und Hintergrund

Wenn Sie sicher sind, dass der Empfänger Ihre E-Mail im HTML-Format angezeigt bekommt, so haben Sie die Möglichkeit, das Layout Ihrer Mail nach Ihren Wünschen zu gestalten. Beispielsweise können Sie dann individuelle Akzente bei der Schriftwahl, der Farbgebung sowie beim Hintergrunddesign setzen. Oder Sie ändern lediglich die Schriftfarbe: von Schwarz zu Blau oder eventuell Grün (Vorsicht, typische Cheffarbe!). Rot hingegen ist absolut unmöglich.

Überlegen Sie sich jedoch vorab, welche gestalterischen Elemente für den Empfänger wirklich sinnvoll sind. Anders ausgedrückt: Bunte Landschafts- oder selbst einfarbige Hintergrundbilder und ein Text mit vielen Hervorhebungen, Unterstreichungen und vielleicht sogar blinkenden Wörtern werden bei einem konservativen Empfänger kaum Begeisterung auslösen. Versuchen Sie eine Auswahl zu treffen, die zu Ihnen selbst passt, jedoch gleichzeitig mit den Erwartungen des potenziellen neuen Arbeitgebers harmoniert.

Kontaktdaten/Signatur

Für die inhaltliche Gestaltung der eigentlichen Nachricht haben wir ja schon die verschiedenen Varianten aufgezählt. Ihre Kontaktdaten platzieren Sie bei einer E-Mail am besten am Ende des Nachrichtentextes. Nur wenn sichergestellt ist, dass Ihre HTML-E-Mail auch korrekt empfangen bzw. dekodiert werden kann, lohnt sich die Arbeit, am Ende des Textes Ihre eingescannte Unterschrift einzufügen. Während die eigene Signatur an dieser Stelle also eine interessante Option darstellt, so ist sie im angefügten Anschreiben sowie im Lebenslauf ein ganz klares Muss. Das sieht sehr schön aus, ist persönlicher und kann auch in blauer Schrift formatiert werden – Stichwort: Königsblau.

LERNTEST

5. Lerntest:
Was ist bei Bewerbungen per E-Mail insbesondere zu berücksichtigen?

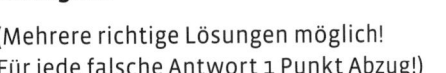

(Mehrere richtige Lösungen möglich!
Für jede falsche Antwort 1 Punkt Abzug!)

a) dass die Hemmschwelle vieler Mitarbeiter, gerade in traditionellen Unternehmen, gegenüber dem Medium noch immer relativ hoch ist
b) dass Sie nicht wissen, wer sich Ihre Bewerbung anschaut
c) dass Personalchefs Angst vor virenverseuchten Dateien haben
d) dass Sie nicht zu viele und zu große Dateianhänge schicken dürfen

Die richtige Lösung finden Sie beim nächsten Lerntest auf Seite 38.

Lösung 4. Lerntest: e ist richtig: 1 Punkt.

WICHTIG: DATEIANHÄNGE

Wer sich auf digitalem Weg um einen Job bewirbt, sollte sich kurz fassen. Niemand will beim Herunterladen lange warten, zig Dateianhänge öffnen und lesen, um letztlich zu entscheiden, ob der Kandidat infrage kommt. Die E-Mail-Bewerbung sollte daher nicht mehr als maximal zwei bis drei Megabyte umfassen und möglichst nur Anschreiben und Lebenslauf beinhalten. Ein Unternehmen, das Interesse am Bewerber hat, fordert schnell (per Mail oder telefonisch) weitere Informationen oder Unterlagen an.

Eine hervorragende Alternative zu umfangreichen Dateianhängen ist der Link auf die eigene Bewerbungs-Homepage: eine gute Möglichkeit, um einerseits über sich Auskunft zu geben und andererseits den Daten-GAU beim potenziellen Arbeitgeber zu verhindern (siehe dazu auch S. 122 f.).

Bei der klassisch schriftlichen auf bzw. für Papier (am PC) erstellten Bewerbung gestalten Sie einen Lebenslauf, verfassen das Anschreiben und wählen als Anlage Ausbildungs- und Arbeitszeugnisse aus und fügen sie bei – bei der E-Mail-Bewerbung ist es genauso, nur die Mail-Maske müssen Sie zusätzlich bearbeiten. Hier können Sie mit einem kürzeren oder längeren Text punkten und auf die Anlagen, die beigefügten Dateien (3 sind die absolute Obergrenze, besser nur 2, optimal 1) verweisen.

Dabei sind in den beigefügten Dateien in der Regel Ihr Anschreiben und Ihr beruflicher Werdegang in eine Datei zu packen, Ihre Anlagen, Ausbildungs- und Arbeitszeugnisse eventuell in eine zweite. Eine Ausnahme wäre beispielsweise, wenn Sie umfangreichere Arbeitsproben beifügen wollen und diese in einer Extradatei unterbringen. Wichtig: Kennzeichnen Sie Ihre angefügten Dateien klar und eindeutig.

Bitte also nicht so: *M.M.Leb+An* oder *Zeug. MM* oder sonstige abstruse Abkürzungen, Einzelbuchstaben, Zahlen etc. Bitte so:
Frank Müller_Anschreiben_Lebenslauf (statt *Lebenslauf* geht auch *beruflicher Werdegang* oder *CV*) oder *Frank Müller_Bewerbungsunterlagen* (wenn Sie alle Texte, also Anschreiben, Lebenslauf und Anlagen in einer Datei anhängen, was durchaus sinnvoll sein kann).
Frank Müller_Zeugnisse (für eine Datei, die nur die Zeugnisse enthält). Also immer erst den Namen (besser Vor- und Zunamen) nennen und dann den Inhalt genau bezeichnen.

Die 10 häufigsten E-Mail-Bewerbungsfehler

1. Eine schlecht, langweilig, nichtssagend getextete Betreffzeile
2. Die gewählte Absender-Adresse ist unprofessionell bis peinlich.
3. Die E-Mail-Bewerbung ist unten mit einem Werbeblock versehen.
4. Unvollständige Absender-Angaben
5. Der Text in der E-Mail-Maske ist nichtssagend, langweilig, fehlerhaft, schlecht formatiert etc.
6. Die Datei-Anhänge sind riesig oder lassen sich nicht öffnen.
7. Die Anlagen sind »gezippt«, gepackt, und machen Probleme beim Entpacken.
8. Die E-Mail-Bewerbung ist kombiniert mit einer Empfangsbestätigung.
9. Ihre E-Mail enthält nicht die typisch platzierten, korrekten Absender-Kontaktdaten.
10. Ihre Initiativbewerbung per E-Mail an eine info@Firma-Anschrift zu schicken

Frage: Und geht es auch so: *Müller, Frank_Anschreiben, Lebenslauf*?
Antwort: Auch so ginge es, aber sympathischer klingt/liest es sich andersherum!

Frage: Und andersherum: *Arbeitszeugnisse_F.Müller* – ginge das auch?
Antwort: Sicher, auch das ist noch leicht erkennbar und zuzuordnen, aber wir empfehlen, die angefügte Datei mit dem Vornamen, Namen und dann dem Inhalt zu betiteln.

Frage: Und wenn der Vorname oder Familienname sehr lang ist, beispielsweise ein Doppelname?
Antwort: Es mag immer gerechtfertigte Ausnahmen geben, in diesem Fall den Vornamen abkürzen, z. B. mit dem Anfangsbuchstaben und Punkt oder weglassen, ggf. auch den Nachnamen nicht ganz ausschreiben. Beispiel: Klaus Dieter von Mahlsdorf-Manuschefski – bitte dann ausnahmsweise so: *v.M-Manuschefski_CV*

Äh, *CV*? Ja, statt Lebenslauf dürfen Sie auch die beiden Großbuchstaben CV (Latein für Curriculum Vitae) wählen, das ist aber kein Muss!

In der Abfolge der in einer Anlagedatei beigefügten Unterlagen kommt das Anschreiben sofort am Anfang, also noch vor dem Lebenslauf (genauso, wie es bei einer klassisch papierenen Bewerbung wäre). Verwenden Sie, wie schon mehrmals erwähnt, idealerweise nur ein zentrales Dokument im Anhang, das (wenn Sie das Anschreiben nicht schon in der Mailmaske platziert haben) mit dem Anschreiben als Auftakt beginnt. Aber: Es geht auch ohne Anschreiben, allein Ihr Lebenslauf kann bereits reichen. Sie entscheiden und bei Zweifeln fragen Sie telefonisch nach, ob ein Extra-Anschreiben von der Empfänger-Firma ausdrücklich gewünscht wird.

Die Wahl der Dateiformate

Bei einer E-Mail im HTML-Code existieren einige Gestaltungsmöglichkeiten, um sich selbst individuell zu präsentieren. Neben gewissen ästhetischen Grenzen gilt es jedoch, auch die technischen Limitierungen im Auge zu behalten. Kann der Empfänger HTML-Nachrichten nicht korrekt entschlüsseln, so war Ihre ganze Arbeit umsonst. Im Zweifelsfall sollten Sie deshalb Ihre E-Mail-Nachricht nicht im HTML-Code, sondern im »Nur-Text«-Format versenden. Dann gehen Sie garantiert kein Risiko ein.

Falls Sie Ihrer E-Mail Dateianhänge (Lebenslauf, Zeugnisse, Arbeitsproben etc.) anfügen, achten Sie hier auf das verwendete Dateiformat. Mit Word erzeugte doc-Dateien sind zwar den meisten PC-Benutzern vertraut, haben aber zwei Nachteile. Zum einen bleiben Layout und Formatierung bei der Datenübertragung häufig nicht erhalten, zum anderen sind diese Dateien sehr anfällig für sogenannte Makroviren. Garantiert virenfrei sind rtf-Dateien, die auch Formatierungen beibehalten. Wählen Sie dazu in Ihrer Textverarbeitung, z. B. in Word, unter »Speichern unter« die Option ».rtf« aus.

Eine professionelle Alternative bieten die sogenannten PDF-Dateien (Portable Document Format) der Softwarefirma Adobe. Adobe PDF ist ein Dateiformat, das alle Schriften, Formatierungen, Farben und Grafiken Ihres Dokuments erhält. Im Geschäftsleben gehört die Software inzwischen zum Standard. Fotos und Dokumente lassen sich sehr gut im bereits erwähnten jpg-Format einscannen.

Unser Ratschlag: Fügen Sie die digitalisierten Daten in Ihr Bewerbungsdokument ein und wandeln Sie dieses am Ende in ein PDF-Dokument um. Wenn Sie das PDF-Format verwenden, vermeiden Sie auf diese Weise Probleme beim Öffnen der mehr oder minder großen Anhänge in unterschiedlichen Programmen. Mittlerweile sind im Internet auch kostenfreie Programme zur Erzeugung von PDF-Dokumenten verfügbar.

Wollen Sie auf Nummer sicher gehen, erfragen Sie telefonisch, was gewünscht wird. Manche Unternehmen möchten die Unterlagen als Word-Dokument geschickt bekommen. Doch dies ist eher die Ausnahme. Viele Firmen erbitten bei telefonischer Nachfrage als Datei-Anlage das Anschreiben und den Lebenslauf im PDF-Format, bisweilen auch noch das letzte oder die beiden letzten relevanten Arbeitszeugnisse.

Wichtig erscheinen uns zunächst aber folgende Fragen: **Wie kommen Sie zu aussagefähigen, überzeugenden Bewerbungsunterlagen?** Was zählt bei der Vorbereitung, wie erstellt man seinen Lebenslauf und was ist dabei wirklich von entscheidender Bedeutung?

ENTSCHEIDEN: DRAMATURGIE IHRES DREHBUCHES

Zunächst müssen Sie entscheiden, wie Ihre Bewerbungsunterlagen aussehen sollen, welche Seiten in welcher Abfolge Sie zusammenstellen und präsentieren wollen, egal ob am Bildschirm oder später ausgedruckt. Denn wenn Sie zum Vorstellungsgespräch eingeladen werden, bittet man Sie häufig einen papierenen Lebenslauf mitzubringen bzw. nachzureichen. Ergo: Diese Arbeit muss früher oder später getan werden.

Bildlich gesprochen: Wie soll das »Drehbuch« Ihres »Erfolgsfilmes« konzipiert werden? Zur Drehbuch-Metapher: Alle Rollen werden durch Sie besetzt. Sie sind der Produzent, Drehbuchautor, Regisseur und, wenn Sie weiterkommen, sind Sie auch der Hauptdarsteller. Als Drehbuchautor müssen Sie wissen, was Sie Ihrem (Lese-)Publikum vermitteln

MERKBLOCK

Ihre Bewerbung ist ein Werbeprospekt in eigener Sache. Es geht um Ihre besondere **Problemlösungskompetenz** und **Erfahrung**, um Ihre **bisherigen Erfolge** und Ihre **Wesensart**. Nennen Sie es ruhig Lebenslauf und Anschreiben, aber erstellen Sie es in diesem Sinne …

wollen und auf welche Art das geschehen soll. Für Ihre Unterlagen bedeutet dies: Was soll wie auf welchen Seiten stehen? Wir zeigen Ihnen verschiedene Varianten (z. B. S. 44–51). Betrachten Sie diese Vorschläge als Anregung. Sie entscheiden, was Sie für sich in Anspruch nehmen wollen und was nicht.

Übersicht:
Themenblöcke eines Lebenslaufs

- Persönliche Daten
- Schulausbildung
- Wehr-/Zivildienst/freiwilliges soziales Jahr etc.
- Berufs-/Hochschulausbildung
- Berufstätigkeit
- Berufliche/außerberufliche Weiterbildung
- Besondere Kenntnisse
- Engagements/Hobbys/Interessen/ Sonstiges

Je differenzierter Sie in die Planung auch des Inhaltes jeder einzelnen Seite gehen, desto leichter fällt Ihnen die Umsetzung. Ein vorher entwickeltes Konzept hilft letztlich, Zeit zu sparen. Wie umfangreich Ihr Werbeprospekt in eigener Sache insgesamt wird, bestimmen Sie. Ob relativ kurz mit nur zwei, drei Seiten plus Anlagen oder eher ausführlich mit sechs bis sieben Seiten, vom Deckblatt über die ausführliche Selbstdarstellung bis hin zum Anlagenverzeichnis mit weiteren zehn Dokumenten – das hängt vor allem vom Alter und von der entsprechenden Berufserfahrung ab. Und nicht alles, was ein Bewerber zu bieten hat, gehört in die Unterlagen. Da ist oft weniger mehr!

HIGHLIGHT: IHR FOTO

Ihr Foto ist eine der wichtigsten Komponenten in Ihren Bewerbungsunterlagen. Wer mit seinem Foto schon zu Beginn des Auswahlverfahrens Sympathie mobilisieren kann, hat einfach die besseren Chancen. Deswegen ist an dieser Stelle höchste Sorgfalt, ein gewisses Engagement und ein besonderes Einfühlungsvermögen gefragt, was die eigene Persönlichkeit und die Erwartungen Ihres Gegenübers anbetrifft.

1. Die fotografische Qualität
Der Weg zum Fotografen lohnt sich! Passfotos aus dem Automaten sind wesentlich billiger, sehen aber auch so aus. Außerdem führen sie möglicherweise zu unerwünschten Rückschlüssen auf Ihre Persönlichkeit. Ein unprofessionelles Porträtfoto und/oder ein falsch gewählter Ausschnitt werden als unsympathisch bis inkompetent, als wenig leistungsmotiviert, wenig selbstbewusst oder geizig interpretiert. Das Gleiche gilt für mit der eigenen Kamera oder gar mit dem Handy im eigenen Wohnzimmer fotografierte Bilder. Bitte verwenden Sie auf keinen Fall alte Fotos, Urlaubsbilder oder Schnappschüsse von der letzten Familienfeier etc., das wirkt absolut unseriös.

2. Die Wahl des Bildausschnitt und Format
Sie benötigen ein ansprechendes, professionelles Porträtfoto als Grundlage, aus dem Sie auch Ihre Profilfotos für all Ihre Internetaktivitäten machen

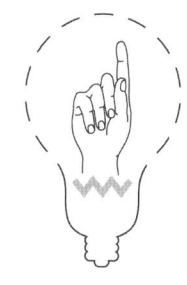

können, im Format etwa 7 x 5 cm quer oder noch klassischer 6 x 4 im Hochformat. Statt der typischen »Kopf und Kragen«-Fotos wie beim Passbild bietet sich die Möglichkeit an, das Gesicht stark in den Vordergrund zu nehmen, den Kopf etwas anzuschneiden oder sogar etwas auf Abstand Ihren Oberkörper mit (ansatzweise) Armen und Händen mit aufs Bild zu bringen. Viel Hintergrund kann nicht sichtbar sein, jedoch hat selbst so ein kleines Foto viele Gestaltungsmöglichkeiten. Interessante Anregungen finden Sie in Wirtschaftszeitschriften wie *manager magazin*, *WirtschaftsWoche* oder *Capital*, bzw. auf deren Internetseiten: Schauen Sie sich an, wie die sogenannten Wirtschafts-Köpfe porträtiert werden.

Das Wichtigste an Ihrer Bewerbung ist das Foto. Wenn Sie damit punkten, d. h., Sympathie für sich mobilisieren, wird man Ihnen Vertrauen und bald auch die Arbeitsaufgaben-Bewältigung zutrauen. **Sympathie – Vertrauen – Zutrauen** ist die wirklich entscheidende, Weichen stellende Trias.

Unser Tipp: Wir empfehlen Schwarz-Weiß-Fotos, denn diese sind in der Regel etwas dezenter und seriöser. Außerdem umgehen Sie die Gefahr, dass das Foto auf den Personaler nicht ansprechend wirkt, weil ihm die Hintergrundfarbe nicht gefällt.

3. Die Kleidung, mit der Sie sich beim Fototermin präsentieren

Zum Fototermin sollten Sie berufsangemessene Kleidung tragen. Denken Sie daran, dass der Eindruck, den Sie auf dem Foto machen, gewertet und interpretiert wird. Vom sehr legeren, offenen

Hemdkragen ist daher ebenso abzuraten wie vom offenherzigen Dekolleté. Nehmen Sie sich eventuell mehrere Outfits mit, falls Sie sich für unterschiedliche Positionen bewerben. Der professionelle Fotograf kann dann beurteilen, was auf dem Foto am besten rüberkommt.

4. Ihre Frisur oder Ihr Make-up

Frauen sollten eher dezent geschminkt sein (ggf. Puder/Schminke zum Auffrischen des Make-ups mitnehmen), Männer (wenn sie nicht Bartträger sind) gut rasiert. Haare, Frisur, Bart etc. sollten natürlich gepflegt wirken.

5. Ihre eventuell auf dem Foto sichtbaren Accessoires wie Brille oder Schmuck

Verzichten Sie auf viele Accessoires, die von Ihrem Gesicht ablenken, besonders, wenn Sie Brillenträger sind. Kette, Ohrringe, Haarspange und Tuch sind in jedem Fall zu viel; setzen Sie eher auf Qualität als auf Quantität. Vorsicht bei Tattoos oder Piercings! Vergessen Sie nicht, es ist kein Freizeitfoto, sondern Professionalität ist gefragt.

Lassen Sie sich mehrmals (ggf. in verschiedenen Outfits, mit unterschiedlicher Frisur) fotografieren und legen Sie die Bilder einigen Freunden und Bekannten vor. Welches Foto würden diese auswählen, wenn sie eine bestimmte Arbeit, Aufgabe, Position zu vergeben hätten?

Kommen Sie gut gelaunt, möglichst ausgeschlafen und vor allem nicht abgehetzt zum Fototermin! Nehmen Sie sich Zeit für eine ausführliche Vorbesprechung. Erklären Sie, wofür Sie das Foto brauchen und einsetzen wollen, dann weiß der Fotograf, wie er Sie ins rechte Licht rücken kann.

6. Zur Verwendung von Fotos in Business-Netzwerken

Natürlich steht es Ihnen frei, je nach Jahreszeit und eigener Stimmungslage mal das eine und dann wieder ein anderes Foto zu verwenden. Wir empfehlen Ihnen jedoch, sich auf ein Foto zu konzentrieren, das Sie immer wieder einstellen. Im Wiederholungsmoment liegt der Gewinn. Wechseln Sie – wenn überhaupt – höchstens alle 3 bis 5 Jahre. Die anderen User sollen sich ja an Ihr Gesicht gewöhnen, Sie schnell schon allein aufgrund des Profilfotos wiedererkennen und das positive Vertrauensgefühl entwickeln.

6. Lerntest:
Worauf wird bei der Analyse des Bewerberfotos besonders geachtet?

(Mehrere richtige Lösungen möglich! Für jede falsche Antwort 1 Punkt Abzug!)

a) Aussehen/ Mimik
b) die Kleidung bzw. das, was man von ihr sieht
c) die fotografische Qualität
d) das Format
e) Geschlecht und Alter der abgebildeten Person

Die richtige Lösung finden Sie beim nächsten Lerntest auf Seite 52.

Lösung 5. Lerntest: d ist richtig: 1 Punkt, Lösung c: 0,5 Punkte

Gelungene Bewerbungsfotos

Foto 1

Foto 2

Foto 3

Foto 4

Foto 5

Foto 6

Foto 1: Ein sehr außergewöhnliches Format, ein heller, fast weißer Hintergrund und ein leicht angeschnittener Kopf lösen sofort Interesse aus, machen dieses Bild zum Hingucker und transportieren viel Sympathie.

Foto 2: Eher der Klassiker, aber wegen der Helligkeit allein auf dem Gesicht – verstärkt durch das weiße Hemd – schon sehr auffällig.

Foto 3: Und hier haben wir ein besonderes, quadratisches Format mit angeschnittenem Kopf wie bei fast allen anderen Fotos. Mit dem Hintergrund und der Zeitschrift als Requisite sehr außergewöhnlich!

Foto 4: Ganz starke Zentrierung auf das Gesicht, klassisches Format, aber starker Anschnitt machen das Foto sehr wirkungsvoll, weil man sich auch direkt angeschaut fühlt!

Foto 5: Quadratisch mit deutlicher Konzentration auf dem Gesicht, gut ausgefüllt mit leichtem Anschnitt. Das Foto wirkt!

Foto 6: Interessantes Format, gut ausgefüllt, leicht angeschnitten, ein deutlicher Hingucker. Darauf verweilt das Auge länger …

LEBENSLAUF: ALLE ABSCHNITTE UND ABFOLGEN

Zur Orientierung: Schema für den Lebenslauf

evtl. Ihr Briefkopf,
Vor- und Zuname, Ihr Beruf, Adresse, Telefonnummer, evtl. Mobilnummer, E-Mail-Adresse

Ihr Foto

Ihre persönlichen Daten:
Vor- und Zuname,
Berufsbezeichnung,
Adresse (wenn Sie keinen Briefkopf haben),
Geburtsdatum und -ort,
Familienstand,
ggf. Zahl und Alter der Kinder,
evtl. zusätzliche Angaben zu Mobilität/Führerschein

Berufspraxis

Zeitangaben   die ausgeübte Tätigkeit bzw. Beschäftigung, Ort
weitere Stationen, von der Gegenwart in die Vergangenheit
Erfolge: Was haben Sie erreicht?

Ausbildung

Zeitangaben   die ausgeübte Tätigkeit bzw. Beschäftigung, Ort

Schulbildung

Zeitangaben   Art der Schule, ggf. Schulname, Ort

Kenntnisse und Interessen

besondere Erfahrungen und Ihre Hobbys

Ort, aktuelles Datum

Unterschrift:
in blauer Tinte, halbwegs leserlich
mit Vor- und Zunamen unterschreiben

Wichtig: Es besteht kein Zwang, die Abfolge der Lebenslaufabschnitte in einer bestimmten Reihenfolge zu gestalten! Wenn Sie die persönlichen Daten bereits an anderer Stelle in aller Ausführlichkeit abgehandelt haben (z. B. auf dem Deckblatt oder einer Einleitungsseite), können und sollten Sie mit der Berufstätigkeit beginnen (zuerst die aktuellste, dann frühere), gefolgt von der beruflichen Aus- und Weiterbildung und besonderen Kenntnissen. Die Schulausbildung und sonstige erwähnenswerte Interessen (Hobbys, Engagement) bilden dann den Abschluss. Der Leser muss schnell einen guten Überblick über die von Ihnen als wichtig erachteten Informationen bekommen. Solange Sie das beachten, haben Sie völlige Freiheit in der Gestaltung der Reihenfolge. Als Grundregel gilt jedoch immer: Seien Sie sich im Klaren darüber, welche Botschaft Sie durch die von Ihnen gewählte Informationsabfolge vermitteln wollen. Versuchen Sie einzuschätzen, wie erfolgreich Sie wohl damit bei Ihrem Empfänger sein könnten.

Persönliche Daten

Neben den aufgezählten Inhalten dürfen Sie bisweilen schon an dieser Stelle auf besondere Erfolge, Erfahrungen, Interessen oder sogar Hobbys hinweisen. Wenn diese etwas zum gesamten Persönlichkeitsbild beitragen können, ist das gerechtfertigt. Das Gleiche gilt unter besonderen Umständen auch für Mitgliedschaften in Parteien, Gewerkschaften oder anderen Einrichtungen und Institutionen. Bei der Ausgangssituation bitte unbedingt die Formulierung »Arbeit suchend« vermeiden. Namen und Berufe der Eltern sowie der Geschwister sollten bei gestandenen Bewerbern auf keinen Fall angeführt werden. Sind Ihre Kinder noch in einem recht betreuungsintensiven Alter, lassen Sie die Altersangaben lieber weg (überhaupt müssen Kinder nicht angegeben werden!).

Nach der Namensangabe (direkt gefolgt von der Berufsbezeichnung bzw. dem Bewerbungsziel) kann die Abfolge modifiziert werden. Alle diese persönlichen Daten haben ggf. auch Platz auf dem Deckblatt oder der ersten Seite und können da wie dort durch das Foto sinnvoll flankiert werden (s. S. 45, 48). Sollten Sie den Schwerpunkt dieser Daten an anderer Stelle abhandeln, reicht die Angabe von Name, Berufsbezeichnung und Geburtsdatum (oder eine Altersangabe), um zur nächsten Rubrik überzugehen.

Schulausbildung

An welcher Stelle Sie auch immer über Ihre Schulbildung Auskunft geben, die ausführliche Nennung von beispielsweise zwei Grundschulen (wegen eines Umzugs der Eltern) ist absolut überflüssig und ohne jegliche Relevanz für Ihr aktuelles Bewerbungsvorhaben. An dieser Stelle können Sie getrost sparsam mit Detailinformationen umgehen, wenngleich die Angabe des Wechsels von der Realschule auf das Gymnasium oder die Nennung der gymnasialen Fachrichtung (z. B. humanistisch, naturwissenschaftlich) natürlich eine gewisse Bedeutung haben kann.

Glatte Jahreszahlen reichen aus, und wann genau Sie das Abitur mit welcher Durchschnittsnote absolviert haben oder die Realschule verließen, spielt vermutlich keine Rolle mehr. Zweiter Bildungsweg und Abendgymnasium sind natürlich Kennzeichen Ihrer besonderen Leistungs- und Lernmotivation und sollten deshalb angemessen Erwähnung finden.

Wehr- bzw. Zivildienst, freiwilliges soziales Jahr, Bundesfreiwilligendienst

Diese Zeitspanne können Sie nicht unter den Tisch fallen lassen. Und ob Sie bei der Marine als Funker tätig waren oder in einem Kinderheim für Schwerstbehinderte Ihren Zivildienst absolviert haben, stellt auch eine gewisse Information über Sie selbst dar. Solche Informationen werden je nach Arbeitgeber verschieden interpretiert und können auch bestimmte Erfahrungen oder Entwicklungen (Stichwort: emotionale Intelligenz) glaubhaft vermitteln. Frauen und Männer, die sich für ein freiwilliges soziales Jahr entschieden haben, können die Angaben über diese Zeitspanne entsprechend für ihr Bewerbungsvorhaben nutzen.

Zur Zeitangabe: eventuell Monat und Jahr, wenn länger zurückliegend, reicht die Jahresangabe.

Berufs- bzw. Hochschulausbildung

Bei Hochschulabsolventen sind die Fachhochschule bzw. Universität mit Ortsangabe, die Studienfächer (ggf. Haupt- und Nebenfächer) und die Abschlüsse differenzierter darzustellen, eventuell ergänzt durch den Hinweis auf Studienschwerpunkte, bekannte Professoren und das Thema der Abschlussarbeit, eventuell der Dissertation. Die Noten für diese Arbeiten können ebenso aufgeführt werden wie die Gesamtabschlussnote, sofern dies alles weniger als 5–6 Jahre zurückliegt. Liegt kein Hochschulabschluss vor, nennen Sie lediglich alle relevanten Daten bis auf den fehlenden Abschluss. Irgendwelche Ehrenerklärungen brauchen Sie auch hier nicht abzugeben. Der eilige Leser wird den fehlenden Abschluss vielleicht gar nicht bemerken. Die Berufsausbildung erfordert wenig an Information: Angaben zum Ausbildungsfach und -betrieb mit entsprechender Zeitangabe. Das Nennen der Abschlussnote ist eher unüblich.

Als Zeitangabe Monat und Jahr aufführen, wenn alles länger zurückliegt, reicht die Jahresangabe.

Beschreiben Sie die letzten zwei, drei Arbeitsplätze und Aufgaben deutlich ausführlicher als die, die viele Jahre zurückliegen. Dabei geht es immer auch darum, was Sie geleistet, geschafft, erreicht haben!

Berufstätigkeit

Diese Rubrik ist von zentraler Bedeutung für das Bild, das sich der Leser Ihrer Bewerbungsunterlagen von Ihnen und Ihrer beruflichen Kompetenz macht. Zeigen Sie an dieser Stelle, womit Sie glänzen können. Wenn ein gestandener Berufsvertreter, der beispielsweise fünf Jahre lang eine Maschinenfabrik erfolgreich als Geschäftsführer geleitet hat, in seinem Lebenslauf mit den einfachsten Diensten beginnt (vom 1.1.1980–31.12.1983: Feinblechner bei der Firma XY), vertut er eine Chance, den potenziellen Arbeitgeber zu beeindrucken.

Die aufgeführten Arbeitgeber können unterschiedlich ausführlich beschrieben werden, ebenso wie die aktuell ausgeübte Position, inklusive der besonderen Aufgabenstellung und Verantwortlichkeit und der von Ihnen erzielten Erfolge. Die aktuelleren Daten sind wichtiger und erfordern mehr Informationen als die zeitlich deutlich weiter zurückliegenden. Orts- und Zeitangaben zumindest für die letzten 5–10 Jahre verstehen sich von selbst.

Sie können auch unter dieser Rubrik die Berufsausbildung aufführen. Liegt diese noch nicht sehr lange zurück, kann man hier auf besondere Schwerpunkte verweisen, wenn es zur angestrebten neuen Position und Aufgabe passt. Unsere Beispiele in diesem Buch vermitteln den Gestaltungsspielraum, der Ihnen zur Verfügung steht. (s. S. 45–51 oder S. 69–111)

Berufliche bzw. außerberufliche Weiterbildung

Alle beruflichen und ergänzenden Maßnahmen, die Ihre Kenntnisse und Fähigkeiten unter beruflichem Aspekt vorangebracht haben, müssen hier genannt werden. Von klassischen Weiterbildungsmaßnahmen des Arbeitgebers bis hin zu privat initiierten Fortbildungsaktivitäten wie z. B. dem Erlernen der japanischen Sprache ist alles erlaubt, wenn es gefällt und passt. Manche Kandidaten führen an dieser Stelle (um etwas mehr anführen zu können?) auch die Besuche von Fachtagungen und Messen auf. Hier sind Orts- und Zeitangaben nicht bis ins letzte Detail notwendig. Die einfache Jahreszahl ist häufig ausreichend.

Besondere Kenntnisse

Diese Rubrik ist nicht zwingend notwendig. Sie bietet aber gute Möglichkeiten, auf bestimmte, für die aktuelle Bewerbung relevante Qualifikationen aufmerksam zu machen. Sprach- oder EDV-Kenntnisse, spezielle Zertifikate, vom Führerschein bis zur Ausbilderlizenz, haben hier – wie immer nach sorgfältiger Abwägung – ihren Platz.

Engagement/Hobbys/Interessen/Sonstiges

Solche Angaben sind alles andere als überflüssig! Mit den dort gemachten Angaben können Sie Sympathie gewinnen und wichtige Anknüpfungspunkte für das Vorstellungsgespräch schaffen. Ob ehrenamtlicher Schöffe oder Mitarbeiter der Telefonseel-

Hobbys, Interessen und Engagement

Nach über einem Jahr Suche und kurz davor Hartz IV beantragen zu müssen, suchte ich immer verzweifelter eine Einstiegsposition als Krankengymnastin. Für mich als über Dreißigjährige nicht ganz einfach, wie ich leidvoll erfahren musste.

Beinahe 100 Bewerbungsunterlagen hatte ich bereits verschickt, bevor ich mir den Luxus einer individuellen Bewerberberatung leistete. Wie dumm von mir, im Nachhinein gesehen. Der Experte empfahl mir insbesondere drei Dinge: die Umstellung meines Lebenslaufes (von hier und jetzt in die Vergangenheit), ein neues Foto und die Einführung einer zusätzlichen Abteilung mit meinen Hobbys/Interessen und sozialem Engagement. Ich habe als erste Ausbildung Fotografin gelernt und fotografiere immer noch leidenschaftlich gerne, sammle und repariere sogar alte Fotoapparate. Außerdem bin ich seit Jahren ehrenamtlich bei der Telefonseelsorge engagiert. Dass diese Informationen über mich privat in meinen Bewerbungsunterlagen helfen würden, Einladungen zu Vorstellungsgesprächen zu bekommen, habe ich mir nicht vorstellen können.

Nach dem Versand von weiteren 10 Bewerbungen und etwa 6 Wochen später hatte ich jedoch sogar plötzlich 2 Angebote und konnte auswählen. Ich wurde bei beiden Einladungen auf meine Hobbys, Interessen und das ehrenamtliche Engagement angesprochen und spürte deutlich, dass es genau das war, was mich in den Augen der Auswähler als Bewerberin interessant machte.

sorge, Sie werden mit derlei Auskünften über sich dazu beitragen, dass man sich ein Bild von Ihnen macht. Achten Sie dabei auf die Auswahl und überlegen Sie, ob das Hobby zu Ihrem Alter und der von Ihnen angestrebten Position passt. Semiprofessionelles Webdesign wird anders aufgenommen werden als leidenschaftliches Windsurfen. Wenn es Ihnen durch die Auswahl Ihrer Hobbys gelingt, Ihr Gegenüber anzusprechen, hilft das, Tür und Tor zu öffnen. Auch das eine oder andere Auslandssemester kann an dieser Stelle vermerkt und vermarktet werden.

Aktives Musizieren, besondere Sportarten, begeistertes Kochen, Spezialreisen oder Reptilienzucht sind thematische Anknüpfungspunkte, die nicht ohne Wirkung bleiben. Aus unserer täglichen Beratungspraxis wissen wir um die damit erzielten positiven Effekte.

Ort, Datum, Unterschrift

Sie können den Lebenslauf unterschreiben, alternativ aber auch auf der »Dritten Seite« (s. unten). Es empfiehlt sich jedoch hier, weil der Empfänger Ihre Unterschrift an dieser Stelle erwartet. Außerdem wird durch das Datum die Aktualität des »Dokuments« betont. Es steht Ihnen übrigens frei, ob Sie Ort und Datum tippen oder per Hand schreiben wollen.

Auch zu der Art und Weise, wie Sie unterschreiben, gibt es etwas zu sagen: Manche Kandidaten unterschreiben extrem unleserlich und riesengroß oder im Gegenteil viel zu klein oder gar in Druckbuchstaben. Das sollten Sie vermeiden. Nicht selten wird Ihre Unterschrift von der Auswahlkommission »analysiert« und dabei natürlich auch bewertet. Bemühen Sie sich also um eine relativ »normale«, leserliche Unterschrift.

Benutzen Sie einen hochwertigen Stift, z. B. einen Füller (nicht: Kugelschreiber, Filzschreiber, Bleistift). Ob Sie in königsblauer Tinte oder in einer anderen Farbe »auftreten«, kann diskutiert werden, aber die Fälle, in denen rote oder lila Tinte passt, sind doch eher selten!

Die Dritte Seite

Überraschen Sie durch eine Dritte Seite mit der Überschrift: »Was mir wichtig ist« oder »Was Sie noch wissen sollten«. Diese zusätzliche, sich an den Lebenslauf anschließende Extraseite ist immer noch recht ungewöhnlich. Der Empfänger Ihrer Botschaft wird sie bestimmt aufmerksam lesen und zur Kenntnis nehmen. Wem es an dieser Stelle gelingt, in wenigen kurzen Sätzen das richtige Bild zu vermitteln, darf – wenn die anderen Eckdaten stimmen – mit einer Einladung zum Vorstellungsgespräch rechnen.

Insbesondere Ihre **Hobbys, Interessen, Engagements** sagen etwas über Sie als Mensch aus. Ihre Persönlichkeit ist einer der wichtigsten Weichensteller bei Ihrem Bewerbungsvorhaben.

Die Dritte Seite transportiert die entscheidenden Argumente, warum Sie als Bewerber unbedingt in die engere Auswahl gehören. Deshalb lohnt es sich, einen genauen Plan zu machen, was man vermitteln will (Stichwort mentale Einstimmung). Eine Dritte Seite muss gut getextet sein, um positiv aufzufallen. Holen Sie sich Meinungen zu Ihrem Dritte-Seite-Entwurf ein. Im Zweifelsfall kommen Sie lieber ohne aus. Mehr zur Dritten Seite unter *www.berufsstrategie-plus.de*.

Exkurs: Thema Hand- und Unterschrift

Rechnen Sie mit Hobbygrafologen unter den Personalern, die sich mit Ihrer Unterschrift und damit vermeintlich auch mit Ihrer Persönlichkeitsstruktur auseinandersetzen werden. Die Analyse erfolgt auf unterschiedlichem Niveau. Ordentliche Schrift gleich ordentlicher Charakter und somit Eignung für ordnende Berufe, aber eben auch für Vertrauen, so könnte gemutmaßt werden. Für kreative Berufe und Aufgaben darf es dann etwas origineller oder egozentrischer sein (= schwerer lesbar).

Von der Handschrift auf die Eigenschaften des Bewerbers zu schließen ist kein seriöses Auswahlinstrument und wird zum Glück in Deutschland auch nicht häufig praktiziert. Falls der potenzielle Arbeitgeber Sie dazu auffordert, eine Handschriftenprobe einzureichen, überlegen Sie sich gut, ob Sie der Aufforderung Folge leisten möchten.

Da es sehr schwierig ist, einen längeren Text wie Ihren Lebenslauf/beruflichen Werdegang in handschriftlicher Form anzufertigen, der den inhaltlichen/gestalterischen Anforderungen gerecht wird, empfehlen wir als Alternative die Erstellung eines handschriftlichen Minitextes oder sonstiger zusammenfassender Äußerungen, die ein Stück Ihrer Persönlichkeit nicht nur inhaltlich, sondern auch formal befördern und für eine positive, vertrauensvolle Stimmung sorgen.

Lebenslauf-Beispiele

Auf den folgenden Seiten zeigen wir Ihnen zwei Beispiele für gelungene Darstellungen des beruflichen Werdegangs. Die Kommentare sind den Beispielen vorangestellt.

Kommentar zum Lebenslauf von Udo Ulm

Deckblatt mit Foto, Unterschrift und Profil: Hier erwartet den Betrachter sofort eine starke Kombination von Persönlichkeitsmerkmalen, die nicht ohne Wirkung bleibt. Diese Seite wird nicht schnell umgeblättert, Foto und Unterschrift sowie die Angaben zum Erfahrungshorizont und dem Ziel fesseln den Leser. Schade, dass Herr Ulm keine Berufsbezeichnung hinter seinem Namen aufführt, die zusätzlich verdeutlicht, mit wem wir es zu tun haben.

Inhalt des Lebenslaufs: Auf 2 Seiten, die mit »Beruflicher Werdegang« (viel besser als Lebensauf!) überschrieben sind und später Ausbildung und weitere Abteilungen vermitteln, präsentiert sich unser Kandidat als Manager, der schon ganz unterschiedliche Aufgaben wahrgenommen hat. Ist Ihnen aufgefallen, dass sich Herr Ulm aus einer Phase der Arbeitslosigkeit und Umorientierung heraus bewirbt? Nein, dann schauen Sie genau hin, was er seit 2012 macht, und lernen Sie daraus, nie einfach nur »arbeitslos« oder nicht viel besser: »Arbeit suchend« anzugeben.

Engagement und Interessen runden das Bild positiv ab und natürlich hat unser Bewerber ein Anlagenverzeichnis, das wir hier aber aus Platzgründen nicht zeigen. Sie finden zu den hier gezeigten Beispielen unter *www.berufsstrategie-plus.de* auch die uns vorgelegte Ursprungsversion und können die Entwicklung Vor- und Nachher noch einmal nachvollziehen.

Meine Schokoladenseite

PRAXISBEISPIEL

Persönlich finde ich die Einführung einer sogenannten Dritten Seite in den Bewerbungsunterlagen sehr gut. Ich kann mir aber auch vorstellen, dass nicht alle Bewerber-Texte wirklich überzeugen und mancher sich eher mit seinen wenig durchdachten Aussagen schadet als nutzt. Im Bekanntenkreis habe ich die unterschiedlichsten Einschätzungen gehört. Aber auch jeder Dritte kannte diese Möglichkeit überhaupt nicht. So entschied ich mich, es nur bei jeder zweiten Bewerbung mit einer Dritten Seite zu versuchen.

Kommentar zum Lebenslauf von Ayla Özden

Deckblatt und Foto: Dem Lebenslauf wird ein ansprechend gestaltetes Deckblatt vorangestellt. Es enthält die persönlichen Daten, die Adresse im Briefkopf sowie ein sehr gut gelungenes Foto. Die Bewerberin schaut den Leser intensiv an. Der dunkle Hintergrund und die Helligkeit des Gesichts machen das Foto besonders interessant. Der Kopf ist oben am Haar ganz leicht angeschnitten. So entsteht Dynamik.

Inhalt des Lebenslaufs: Der 2-seitige Lebenslauf ist klar gegliedert und äußerst übersichtlich. Die wichtigsten Positionen können schnell erfasst werden. Der Lebenslauf beginnt mit der Berufspraxis und listet zuerst die aktuellsten Stationen auf. Es spricht sehr für die Kandidatin, dass sie sich beim ersten Punkt »Familienphase« auch auf berufliche Erfahrungen, die sie in dieser Zeit gesammelt hat, bezieht. Sie gibt ihre Vertretungsdienste im Krankenhaus an und weist auf die Weiterbildungen hin, die sie unten einzeln auflistet. Bei den Tätigkeiten ist auch zu lesen, auf welchen Stationen Frau Özden bereits gearbeitet und Erfahrungen gesammelt hat. Ebenso sind die Aufgaben ersichtlich, für die sie bisher schwerpunktmäßig verantwortlich war. Ähnlich wie bei der Berufspraxis sind die einzelnen Weiterbildungen hier von neu nach alt aufgelistet. So sehen wir die aktuellste Weiterbildung an erster Stelle. In der Rubrik »Kenntnisse und Interessen« wird auch ein Ehrenamt der Kandidatin erwähnt – ein Hinweis auf ihre soziale Kompetenz. Sie hat auch nicht vergessen, den Lebenslauf am Ende mit Ort, Datum und Unterschrift zu versehen.

Anlagenverzeichnis: Sehr übersichtlich, aber hier wäre es besser gewesen, wenn sie die Zertifikate der Weiterbildung in der gleichen Reihenfolge angegeben hätte wie im Lebenslauf.

Udo Ulm Am Stadttor 19 • 97018 Würzburg • 0931 991214 • 0171 9121122 • udo.ulm@gmail.com

Zu meiner Person

Udo Ulm
geboren am 30. April 1968
in Hallbergmoos / Bayern
verheiratet / eine Tochter (17)

Erfahrungen und Kenntnisse

- Führungskraft in der Telekommunikationsindustrie
- Kosten- und personalverantwortlicher Manager in der Marktforschung
- Fundierte Kenntnis nationaler und internationaler Firmenstrukturen

Ziel

Eine beratende Funktion, in der sich unternehmerische Verantwortung
und Personalentwicklung nahtlos ergänzen

Udo Ulm / Deckblatt (Kommentar Seite 44)

Udo Ulm Am Stadttor 19 • 97018 Würzburg • 0931 991214 • 0171 9121122 • udo.ulm@gmail.com

Beruflicher Werdegang

seit 2012	**Maier Personalberatung GbR**, Würzburg Qualifizierungsgesellschaft • Konzeption einer persönlichen Karrierestrategie • Teilnahme an Einzelcoaching • Dokumentation der einzelnen Teilschritte
2003 – 2012	**FLPM AG** Deutschland / United Kingdom Internationaler Elektronikkonzern
Feb. 2008 – Sept. 2012	**Standort Bedford**, United Kingdom *Projektmanager* für Servicemanagement Geschäftsbereich: • Steuerung und Koordination der verschiedenen Abteilungen im Servicemanagement • Erstellung und Überwachung von Servicerichtlinien • Kostenkontrolle
Jan. 2003 - Jan. 2008	**Standort Regensburg** *Operationsmanager* Bereich: Geschäftsführung (Managing Directors Office) • Unterstützung bei der Weiterentwicklung des Standortes Regensburg • Eventmanagement, Standortmarketing, Sponsoring • Konzeption, Planung und Durchführung von Team-Diagnoseworkshops für internationale Projektteams
1996 – 2002	**BeierScience GmbH**, Regensburg International orientiertes Wissenschaftsinstitut

Jan. 2000 – Dez. 2002	*Abteilungsleiter/Manager* in den Bereichen Teststudios, Videostudio
	und Interviewer/-innen-Feld mit Kosten- und Führungsverantwortung
	(24 feste Mitarbeiter/-innen und über 700 freie Interviewer/-innen),
	Umsatzverantwortung: über 2 Mio. Euro
	• Organisation und Durchführung von Fachseminaren für neue wissen-
	  schaftliche Mitarbeiter/-innen
	• Organisation und Durchführung (als Moderator)
	  von Kunden- und Problemlösungs-Workshops
	• Qualitätsmanagement

Mai 1998 – Dez. 1999	*Bereichsleiter* Kommunikationsforschung, Koordinator für Studiotests und interne Abläufe
Okt. 1996 – April 1998	*Sachbearbeiter*, Bereich Kommunikations- und Werbeforschung

Udo Ulm / Lebenslauf (Kommentar Seite 44)

Udo Ulm Am Stadttor 19 • 97018 Würzburg • 0931 991214 • 0171 9121122 • udo.ulm@gmail.com

Ausbildung

2005 – 2006	Berufsbegleitende Ausbildung zum *Organisationsberater* beim Institut für Organisationsentwicklung Stadlhuber & Alpner GmbH, Regensburg
2002	Fortbildung zum *Kommunikationsberater für Verständigung und Menschenführung* Prof. Dr. Steiner, Universität Regensburg
1999	*Trainerausbildung Kompetenz und Kommunikation* Bergwald Institut, Regensburg
1993 – 1996	Universität Regensburg – Studiengang Elektrotechnik Studienschwerpunkt Datentechnik, Hauptstudium
1987 – 1993	Universität Regensburg – Studiengang Feinwerktechnik
1983 – 1986	Fachoberschule für Technik, Regensburg *Fachhochschulreife*

Fremdsprachen

Englisch: verhandlungssicher
Französisch: gehobene Grundkenntnisse
Italienisch: Grundkenntnisse

Engagement

Greenpeace-Mitglied (Aufgabenbereich: Spendenakquise)

Interessen

Marathonlauf
Radfahren
Landschaftsfotografie

Würzburg, 24.01.2014   *Udo Ulm*

Udo Ulm / Lebenslauf (Kommentar Seite 44)

Ayla Özden
Krankenschwester

---

falkenstraße 43 • 33619 bielefeld • telefon: 0521 / 103838
e-mail: ayla.oezden@yahoo.de

Bewerbung als Krankenschwester

Geboren am 18. Februar 1978 in Ankara (Türkei)

Deutsche Staatsangehörigkeit

Verheiratet, 2 Söhne im Alter von 6 Jahren

Ayla Özden / Deckblatt (Kommentar Seite 44)

Ayla Özden
Krankenschwester

---

falkenstraße 43 • 33619 bielefeld • telefon: 0521 / 103838
e-mail: ayla.oezden@yahoo.de

Lebenslauf

Berufspraxis

04.2007 – heute	Familienphase; in dieser Zeit: • **Krankenschwester** im Krankenhaus St. Matthäus, Bielefeld (Urlaubs- und Krankheitsvertretung auf der chirurgischen und der internistischen Station) • **Weiterbildungen im medizinischen Bereich**: s. u.

04.2002 – 04.2007	**Krankenschwester** im Marienhospital, Gütersloh
	• Einsatz auf der chirurgischen Station
	  – Behandlungspflege (Planung, Durchführung, Dokumentation)
	  – Ausführung ärztlicher Verordnungen (z. B. Verabreichung von Medikamenten)
	  – Durchführung von Transfusionen, Blutentnahmen, Spülungen
	  – Hilfe bei Notfällen
	  – Vorbereitung der Patienten für diagnostische, therapeutische und operative Maßnahmen
	  – Ermittlung der Patientendaten (Puls, Blutdruck, Temperatur usw.)
	  – Wundversorgung

06.2000 – 03.2002	**Krankenschwester** im Krankenhaus St. Matthäus, Bielefeld • Einsatz auf der internistischen Station (s. o.)
08.1996 – 04.1997	**Aushilfskraft im Einzelhandel** bei Galeria-Kaufhof, Bielefeld und Ausbildungsplatzsuche

Berufsausbildung

04.1997 – 04.2000	**Krankenpflegeausbildung** im Marienhospital, Gütersloh Abschluss mit Examen

Schulbildung

1995 – 1996	**Erweiterter Realschulabschluss** an der einjährigen Berufsfachschule Sozialpflege, Bielefeld
1995	Hauptschule Innenstadt, Bielefeld **Realschulabschluss**

Ayla Özden / Lebenslauf (Kommentar Seite 44)

Ayla Özden
Krankenschwester

falkenstraße 43 • 33619 bielefeld • telefon: 0521 / 103838
e-mail: ayla.oezden@yahoo.de

Weiterbildung

2010	Notfallmedizin St. Elisabeth-Hospital, Bielefeld
2009	Krankenhaus-Hygiene Evangelisches Krankenhaus, Bielefeld
2008	Palliative Pflege St. Elisabeth-Hospital, Bielefeld
2005	EDV-Aufbaukurs: MS-Word, Excel, Access PC-Schmiede Wagner, Gütersloh
2003	Pflegeplanung und -dokumentation Klinikum Gütersloh

Kenntnisse und Interessen

Ehrenamt	09. 2007 – 03.2010 Sportverein Kirchdornberg Leitung der Jugendgruppe Turnen und Schwimmen
Sprachen	Deutsch und Türkisch (fließend in Wort und Schrift)
EDV-Kenntnisse	Word und PowerPoint (sehr gut), Excel und Access (gut)
Führerschein	Klasse B, Auto vorhanden
Hobbys	Fitness, Schwimmen, Lesen

Bielefeld, 11.02.2014   *Ayla Özden*

Ayla Özden / Lebenslauf (Kommentar Seite 44)

Ayla Özden
Krankenschwester

falkenstraße 43 • 33619 bielefeld • telefon: 0521 / 103838
e-mail: ayla.oezden@yahoo.de

Anlagenverzeichnis

Zeugnisse

Arbeitszeugnis: Marienhospital, Gütersloh

Arbeitszeugnis: Krankenhaus St. Matthäus, Bielefeld

Arbeitszeugnis: Galeria-Kaufhof, Bielefeld

Ausbildungszeugnis: Marienhospital, Gütersloh

Zertifikate

Pflegeplanung und -dokumentation

EDV-Aufbaukurs: MS-Word, Excel, Access

Palliative Pflege

Krankenhaus-Hygiene

Notfallmedizin

Ayla Özden / Anlagenverzeichnis (Kommentar Seite 44)

ZUSAMMENHÄNGE: DER ROTE FADEN

Wenn Sie von Ihren Fähigkeiten, von Ihren Leistungspotenzialen und persönlichen Qualitäten überzeugen wollen, ist es hilfreich, Ihrem potenziellen Auftraggeber zu verdeutlichen, dass Ihre berufliche Entwicklung kein Zufallsprodukt ist. Beeindruckend wäre ein Bild, das Sie als sich beständig beruflich weiterentwickelnden Mitarbeiter zeigt, der genau über die Problemlösungskompetenz verfügt, die für die zu besetzende Position gebraucht wird. Sie gewinnen an Glaubwürdigkeit, wenn es gelingt, Ihren beruflichen Werdegang so darzustellen, dass sich dem Empfänger ein gut nachvollziehbares Bild Ihres kontinuierlichen Kompetenz- und Leistungszuwachses vermittelt. In diesem Zusammenhang wünscht sich ein kritischer Personalentscheider eine lückenlose Darstellung Ihrer Arbeitsverhältnisse, gepaart mit möglichst konkret benannten Erfolgen, die auf Ihre engagierte Mitwirkung zurückzuführen sind.

LERNTEST

7. Lerntest:
Was wäre unvorteilhaft, wenn es um Ihren Lebenslauf geht?

(Mehrere richtige Lösungen möglich!
Für jede falsche Antwort 1 Punkt Abzug!)

a) der Verzicht auf ein Foto
b) keine Arbeitszeugnisse beizulegen
c) die vergessene Unterschrift unter dem Lebenslauf
d) keine Angaben von Interessen, Engagement oder Hobbys

Die richtige Lösung finden Sie beim nächsten Lerntest auf Seite 61.

Lösung 6. Lerntest: alle Antworten richtig, jeweils 1 Punkt.

Wie ist das zu erreichen? Von besonderer Wichtigkeit ist hier die gedankliche Vorarbeit. Wie gelingt es Ihnen, Ihren Werdegang so darzustellen, dass sich daraus eine Art roter Faden ergibt, der Ihr Kommunikationsziel, Ihre Botschaften und Argumente optimal herausstellt? Dieser erste, nicht ganz einfache Schritt setzt voraus, dass Sie sich sehr intensiv mit den Fragen auf den Seiten 10–12 auseinandersetzen. Unserer Einschätzung nach tun das weniger als 10 Prozent aller Bewerber! Hierin liegt für Sie eine große Chance. Viele unserer Kunden kommen zu uns in die persönliche Beratung und berichten, dass sie sich wirklich bemüht haben, jedoch keinen – so ihre eigene Einschätzung – richtigen Erfolg in der Entwicklung eines roten Fadens hatten. Zugegeben, nicht immer ist dieses Vorhaben ganz einfach. Aber Sie sollten zumindest eine genaue Vorstellung haben, was das Kommunikationsziel sein soll, mit welchen Botschaften (oder Aussagen) man dies kommunizieren (vermitteln!) will und welche Argumente (Geschichten aus der Arbeitswelt) dies unterfüttern. Dass dabei Ihr USP (Alleinstellungsmerkmal, das was Sie von anderen Berufsvertretern positiv unterscheidet) auf den Punkt zu bringen ist, ist dann ein nächster Schritt.

Wenn der Inhalt Ihres Lebenslaufes steht, müssen Sie sich überlegen, wie Sie ihn optisch gestalten – dieser Aspekt ist natürlich auch von Bedeutung für den Eindruck, den Ihre Unterlagen machen sollen. Wir zeigen Ihnen dazu einige Beispiele unter ***www.berufsstrategie-plus.de***.

UNTERSCHIEDE: LEBENSLAUF ODER PROFIL

Stellenbörsen im WWW bieten meist die Möglichkeit, einen Lebenslauf bzw. ein Profil in ihre Bewerberdatenbank einzustellen. So werden Sie im Internet mit Ihren Kompetenzen wieder ein Stück sichtbarer. Verlangt ein Auftrag- oder Arbeitgeber ein »Profil« von Ihnen, erwartet er weit mehr als einen bloßen Lebenslauf. Im Unterschied zum Lebenslauf, der lediglich Eckpunkte Ihrer Karriere darstellt (2008 bis 2013 Leitung des Ausstellungsprojekts XY am YZ-Museum), geht das Profil näher auf Details ein: auf Ihren genauen Aufgabenbereich, die Qualifikationen, die Sie währenddessen erworben haben, (in wirtschaftlichen Bereichen) die finanziellen Erfolge, die Sie erzielen konnten, die Kunden,

die durch Sie akquiriert wurden etc. Der Übersichtlichkeit wegen sind diese Profile meist in Tabellenform aufgeschrieben. Ein sogenanntes Kompetenzprofil bringt Ihre Qualifikationen noch einmal auf den Punkt, indem Sie sie selbst einschätzen (sehr erfahren, erfahren, Grundkenntnisse etc.). Ein solches Profil sollte natürlich immer auf dem neuesten Stand gehalten werden und inhaltlich den jeweiligen Unternehmen angepasst sein.

Ein (Angebots- bzw. Bewerber-)Profil hat jedoch vor allem die Funktion, ein besonderes Nutzenangebot, den USP (unique selling proposition, also Ihr Alleinstellungsmerkmal, das Sie positiv von anderen Bewerbern unterscheidet) kurz und knapp zu vermitteln. Ihr Profil sollte möglichst komprimiert Auskunft darüber geben, was Sie aktuell leisten können (und bereits geleistet haben), um einen Auftraggeber/Personalentscheider sicherer abschätzen zu lassen, ob er Ihnen die neue Aufgabe zutrauen kann. Das macht Ihr »Lebenslauf« zwar auch, aber in anderer Form: Darin stellen Sie alle Ihre Ausbildungs- und beruflichen Stationen möglichst lückenlos dar. Bei beiden geht es um den Nachweis Ihrer speziellen Kompetenz, hohen Leistungsmotivation und besonderen Persönlichkeit.

Ein aussagekräftiges, komprimiertes Profil, das Sie auch ohne weitere Anlagen nur mit einem kurzen Anschreiben versenden können, gibt Ihnen die Möglichkeit, sich positiv aus der Masse der Mitbewerber abzuheben!

Inhalt: Ihr Profil bildet die wichtigsten »Kennzeichen« ab, die erkennen lassen, dass Sie für die zu besetzende Position die richtige Person sind. Es sollte also sehr genau auf die Position oder (bei einer Initiativbewerbung) die Art von Problemen, die Sie bevorzugt lösen wollen, ausgerichtet sein.

Umfang: Alles, was Sie für diese Aufgaben besonders qualifiziert, notieren Sie. Alles andere lassen Sie weg. Auch an dieser Auswahl erkennt der Leser, mit wem er es zu tun hat! Ihr Profil sollte deshalb nicht länger als eine, maximal bis zu zwei Seiten lang sein!

Form: Unter der Überschrift Profil empfiehlt sich z. B. ein zweispaltiger Aufbau – links die Überschriften, rechts die dazu passenden Inhalte. Übrigens ist es nicht üblich, das Profil zu unterschreiben.

Die folgenden Punkte sind eine Anregung, es gibt keine feststehenden Regeln, nach denen sich Ihr Profil aufbaut.

Themenvorschläge für Ihr Profil

- Vor- und Zuname, Geburtsdatum/-ort
- Berufsbezeichnung
- Kontaktdaten (nur die wichtigsten)
- Ausbildungshintergrund
- Schwerpunktkenntnisse und Erfahrungen (das ist sehr wichtig!)
- durchgeführte Projekte und erzielte Erfolge (hier steht am meisten!)
- ggf. berufliche Auslandsaufenthalte
- Weiterbildung und Seminare
- Engagement, Interessen

- ggf. Mitgliedschaften in Verbänden und Fachgremien
- Sprachkenntnisse
- EDV-Kenntnisse
- Führerscheine/Lizenzen
- ggf. Veröffentlichungen, Vorträge
- ggf. Lehr- und/oder Prüfungs- und/oder Gutachtertätigkeit
- Interessen, Engagement, Hobbys

Profile in Stellenbörsen

Die notwendigen Vorgänge, um ein Profil in eine Stellenbörse einzubinden, sind je nach Stellenbörse unterschiedlich. Bei jobrobot.de beispielsweise wird der Bewerber nach seiner Privatdresse und Mailadresse befragt und, ob die Anonymität seiner persönlichen Daten erwünscht ist. Nach der Benennung eines frei wählbaren Kennworts und der Eingabe einer ständig wechselnden Zahl (Spamschutz) kann der Bewerber nun seine Stellenwünsche und Tätigkeitsfelder angeben (mit dem Hinweis, dass diese Daten veröffentlicht werden). Im eigentlichen Gesuchsfeld mit Titelzeile formuliert dann der Bewerber den Text, der später in der Stellenbörse zu lesen sein wird. Im Anschluss werden im »Anklick«-Verfahren Studium, Berufserfahrung, Führungserfahrung, Fremdsprachenkenntnisse, Gehaltsvorstellung, Mobilität und Verfügbarkeit etc. erfragt.

Bei z. B. stellenanzeigen.de bleibt der Lebenslauf anonym, und es ist dem Bewerber selbst überlassen, sich auf das Angebot eines Arbeitgebers zu melden.

Zwei Tipps von uns: Erstens – recherchieren Sie vorab genau, bei welchen Stellenbörsen es sinnvoll ist, Ihr Profil zu präsentieren. Es ist durchaus üblich, dass Portale mit bestimmten Firmen und/oder Branchen besonders eng zusammenarbeiten, was die Auswahl an interessanten Arbeitgebern beschränkt. Für Sie gilt deshalb auch hier das Motto: Weniger ist mehr. Stellen Sie nicht überall Ihr Profil ein, sondern finden Sie genau die Plattformen, bei denen auch Ihre Wunscharbeitgeber nach passenden Arbeitnehmern suchen. Zweitens – machen Sie sich klar, dass neben eher passiven Strategien (Profil einstellen und darauf zu hoffen, gefunden zu werden), es wichtig ist, das Profil direkt und aktiv bekannt zu machen. Also: Sprechen Sie auch weiterhin Firmen bzw. Firmenvertreter direkt an, suchen Sie den Austausch per Telefon, präsentieren Sie Ihr Profil auf Firmenmessen, kommunizieren Sie mit relevanten Ansprechpartnern per E-Mail sowie in Business-Communities.

Profile auf der Firmenhomepage

Auch auf einigen Firmenhomepages können Sie Ihr Berufsprofil hinterlegen. Diese Profile werden nach entsprechenden Kriterien technisch ausgewertet und ggf. den Entscheidern zugeleitet, die dann bei Interesse Kontakt zu Ihnen aufnehmen können. Im Grunde funktioniert dieses Verfahren wie eine Initiativbewerbung oder das Ausfüllen eines Onlineformulars ohne konkrete Stellenausschreibung. Ob diese technischen Bewertungsverfahren allerdings immer die besten Kandidaten herausfiltern und weiterleiten, ist fraglich. Nutzen Sie daher bei solchen Firmen parallel auch andere Formen der Bewerbung.

Die Kunst beim Ausfüllen der berufsbezogenen Fragen besteht in der richtigen Mischung aus »angepasstem« Ausfüllen und individueller Präsentation. So können Sie Ihre eigene Persönlichkeit für andere schnell und gut erkennbar werden lassen. Am besten funktioniert das mit der Eingabe von freien Texten unter der Bezeichnung »Sonstiges« oder »Wollen Sie uns noch etwas mitteilen?«. Vergessen Sie nicht, die eingegeben Daten zu sichern oder einen Ausdruck für sich zu erstellen. Damit punkten Sie, wenn im Vorstellungsgespräch die Rede auf Details kommt. Teilweise können Sie auch Ihre eigenen Dokumente hochladen. Das ist Ihre Chance, sich abseits von standardisierten Eingabemasken individuell zu präsentieren.

Kommentar zum Profil auf der rechten Seite

Wir sehen hier ein Berufsprofil mit Foto. Es wäre aber auch ohne Foto gut vorstell- und einsetzbar. Dieser Kandidat zeigt Ihnen den großen Spielraum, der Ihnen trotz minimaler Fläche bleibt, um sich vorzustellen und Ihre Leistungen zu vermitteln. Der IT-ler in diesem Beispiel legt seine Kompetenzen ausführlich dar und benutzt dafür das entsprechende Fachvokabular. Seine Präsentation ist dennoch spannend und schnell erfassbar. Darauf kommt es an! Oben bei den persönlichen Daten verweist Eric Edwards auf sein LinkedIn-Profil – das ist als Ergänzung äußerst sinnvoll: Während der Empfänger sich über das Profil ein umfassendes Bild über die Kompetenzen des Bewerbers machen kann, erfährt er beim Betrachten des LinkedIn-Profils mehr Details zu dessen beruflichen Werdegang. Ein weiteres Beispiel für ein Profil zeigen wir Ihnen unter *www.berufsstrategie-plus.de*.

BERUFSPROFIL

Eric Edwards, Junior Test Engineer
Am Park 1, 97070 Würzburg, Tel.: 0171 2931452
eric.edwards@aol.com
www.linkedin.com/profile/eric_edwards
geboren in Chicago (USA) am 21. Februar 1975
bilingual aufgewachsen in den USA und Europa,
ungebunden, mobil, Führerschein Klasse B

Qualifikation	▸ Master of Science (Wirtschaftsinformatik), Fachhochschule Ulm ▸ Doppel-Bachelor (Wirtschaftsinformatik und Technisches Englisch) Technische Universität Chicago, USA ▸ ISTQB Certified Tester – Foundation Level ▸ Certified Agile Tester
Erfahrungshintergrund	Junior Testingenieur mit 5 Jahren Erfahrung bei Tests und Optimierungen von SW Applikationen, 1 Jahr davon Abnahmetests einer komplexen Logistik Applikation. Ich habe mich sehr schnell in die Tests eines Medizinproduktes eingearbeitet und teste seit sechs Monaten verschiedene Versionen der Partikeltherapie KTS Applikation basierend auf der Plattform Synyo.
Kompetenzschwerpunkt	Test-Spezifikation und -durchführung des ‚XT Medical Therapy Suite' (KTS), ein Synyo-basiertes medizinisches System für die Behandlung mit Partikeltherapie. Dokumentation und Analyse der Testergebnisse sowie Überwachung des Fehlerreports und die dazu gehörigen Regressionstests. Erstellung, Gestaltung und Produktion von Testdaten für den MTS Test (CIT, CAT, SIT) nach Medizinproduktvorgaben in verschiedenen SW Versionen. Produktbetreuung des IndienTransport Management Systems (ITM). ITM unterstützt die Logistikprozesse für die Lieferung von komplexen Telekommunikationssystemen. Einführung, Tests und Optimierung der Logistikprozesse.
Besondere Kenntnisse	**Fachliche und methodische Schwerpunkte** ▸ Prozessoptimierung in der Logistik ▸ Klinische Workflow Partikeltherapie. DICOM Protocol ▸ Bedienung des XT Treatment Planungssystems (synyo based) ▸ Dokumentation nach Medizinproduktgesetz (CALIBER, CHARM NT; SAP) ▸ Logistik der Testdatensätze für CIT, CAT und SIT ▸ Mitarbeit im SCRUM MTS Entwicklungsteam als Test Designer ▸ Testmanagement Werkzeuge (iTestbench, TMT) ▸ Java, C#, ABAP, SQL, LaTeX, MS Office **Sprachen** Englisch und Deutsch (beide muttersprachlich) Würzburg, 14.04.2014

ANSCHREIBEN: AUFMERKSAMKEIT GEWINNEN

Das erste (Kurz-)Anschreiben in der Mail-Maske selbst

Verlangt das Stellenangebot nicht ausdrücklich die vollständigen Unterlagen, sind E-Mail-Bewerbungen in aller Regel eher Kurzbewerbungen. Überhäufen Sie den Adressaten also nicht mit einer unübersichtlichen Fülle von Dokumenten und Anhängen. Ein ansprechendes, gut getextetes Anschreiben und ein klar gegliederter, aussagestarker Lebenslauf – beides so kurz wie möglich – reichen als Erstkontakt aus.

Das (erste) Anschreiben und damit die erste Mini-Arbeitsprobe wird dann in der E-Mail selbst formuliert, nicht im Dateianhang. Es gibt aber durchaus auch Firmen, die sich (das erfragen Sie am besten telefonisch) Ihr sorgfältiges Anschreiben gesondert im Anhang wünschen. In letzterem Fall reichen in der E-Mail-Maske ein paar kurze freundliche Zeilen, die auf die Bewerbung und das vorherige Telefonat Bezug nehmen. Aber auch hier empfehlen wir, schon in der E-Mail-Nachricht die persönlichen Daten wie Anschrift, Kontaktdaten, eventuell Adresse der Homepage und drei Kernkompetenzen passend zum Stellenprofil zu benennen.

Serienmails sind als Bewerbung völlig ungeeignet. Formulieren Sie stets individuell für eine bestimmte Firma. Beziehen Sie sich dabei möglichst auf das entsprechende Stellenangebot und bei einer Initiativbewerbung auf den Anlass (die Formulierung »arbeitslos« bzw. »Arbeit suchend« bitte vermeiden) und Ihr besonderes Mitarbeits-Angebot.

Sprechen Sie den Verantwortlichen stets namentlich direkt an. Kennen Sie Ihren Ansprechpartner nicht, bleibt nur der Griff zum Telefon. Im Zweifel recherchieren Sie den Namen des Inhabers, Geschäftsführers oder Personalleiters und benutzen Sie diesen in der ersten Zeile und in der zweiten dann eine allgemeine Anrede:

Sehr geehrte Frau Dr. Großmann,
sehr geehrte Damen und Herren,

Ihre Stellenausschreibung

Und: Auch in einer E-Mail-Bewerbung gelten selbstverständlich die üblichen Höflichkeitsformen und die deutsche Rechtschreibung.

Konzentrieren Sie sich also auf das Wesentliche und bieten Sie auch an, die entsprechenden Unterlagen in Form einer schriftlichen Bewerbung oder bei einer persönlichen Begegnung einzureichen.

Hier folgen 3 Varianten von Anschreiben in der Mailmaske, später präsentieren wir von der gleichen Person noch ein separates Anschreiben als Anlage zu einer Mail (s. S. 64).

Variante 1

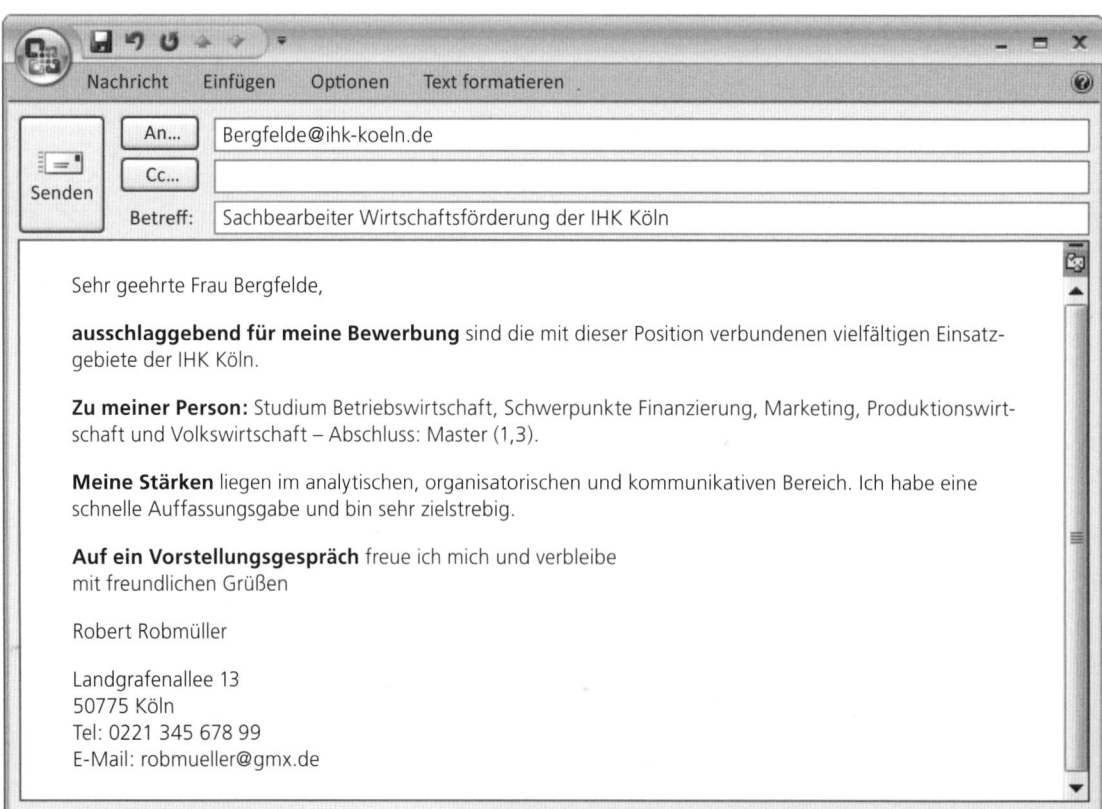

Variante 2

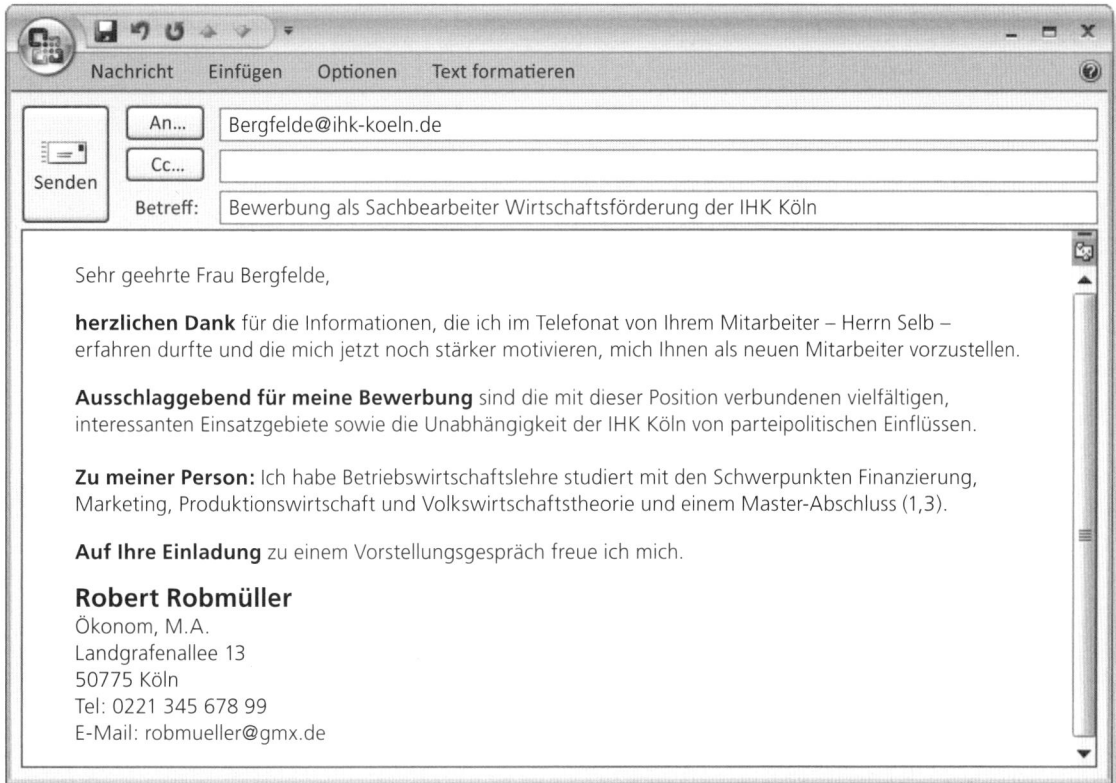

Sehr geehrte Frau Bergfelde,

herzlichen Dank für die Informationen, die ich im Telefonat von Ihrem Mitarbeiter – Herrn Selb – erfahren durfte und die mich jetzt noch stärker motivieren, mich Ihnen als neuen Mitarbeiter vorzustellen.

Ausschlaggebend für meine Bewerbung sind die mit dieser Position verbundenen vielfältigen, interessanten Einsatzgebiete sowie die Unabhängigkeit der IHK Köln von parteipolitischen Einflüssen.

Zu meiner Person: Ich habe Betriebswirtschaftslehre studiert mit den Schwerpunkten Finanzierung, Marketing, Produktionswirtschaft und Volkswirtschaftstheorie und einem Master-Abschluss (1,3).

Auf Ihre Einladung zu einem Vorstellungsgespräch freue ich mich.

Robert Robmüller
Ökonom, M.A.
Landgrafenallee 13
50775 Köln
Tel: 0221 345 678 99
E-Mail: robmueller@gmx.de

Kommentar zu Variante 1
Insgesamt: Mit nur vier Kurz-Blöcken kommt dieser Mail-Text aus und entfaltet doch eine ganz beachtliche Kraft, nicht zuletzt durch die gezielten Fettungen am Zeilenanfang.
Betreffzeile: Sehr unspektakulär, aber doch vollkommen ausreichend!
Anrede: Namentlich, was immer sehr wichtig ist, und allein damit schon mal gut.
Start: Guter, gelungener Start.
Erstes Drittel: Kommt schnell auf den Punkt und liefert genügend Informationen.
Inhaltlich: Absolut ausreichend, macht neugierig auf mehr!
Abschluss: Vollkommen ausreichend, gut getextet! .
Abbinder: Name und Adresse, da wünscht man sich vielleicht noch die Berufsbezeichnung!

Kommentar zu Variante 2
Insgesamt: Mit vier etwas umfangreicheren Blöcken kommt dieser etwas längere Mail-Text daher, jedoch keinesfalls langatmig und durch die Fettungen wieder sehr attraktiv.
Betreffzeile: Etwas verbessert, trotzdem recht unspektakulär, aber vollkommen ausreichend!
Anrede: Namentlich und damit gut!
Start: Gelungen, es wurde offensichtlich telefoniert und ein Danke kommt immer gut an!
Erstes Drittel: Kommt schnell auf den Punkt und ist informativ.
Inhaltlich: Macht neugierig auf mehr.
Abschluss: Vollkommen ausreichend, gut getextet, besser wäre eine eingescannte Unterschrift.
Abbinder: Name, Berufsbezeichnung und Adresse, da fehlt nichts.

Variante 3

An... Bergfelde@ihk-koeln.de

Cc...

Betreff: Bewerbung als Trainee Sachbearbeiter Wirtschaftsförderung der IHK Köln

Hallo Frau Bergfelde,

herzlichen Dank für das freundliche und informative Telefonat, das ich am 11. Februar 2014 mit Ihrem Mitarbeiter Herrn Selb führen durfte.

Ausschlaggebend für meine Bewerbung sind die mit dieser Position verbundenen vielfältigen, interessanten und herausfordernden Einsatzgebiete sowie die Unabhängigkeit der IHK Köln von parteipolitischen Einflüssen und den individuellen Interessen einzelner Unternehmen und Branchen.

Zu meiner Person: An der Goethe-Universität Frankfurt habe ich Betriebswirtschaftslehre mit den Schwerpunkten Finanzierung, Marketing, Produktionswirtschaft und Volkswirtschaftstheorie studiert und mit einem Master (Notendurchschnitt: 1,3) erfolgreich abgeschlossen.

Meine Stärken liegen im analytischen, organisatorischen und kommunikativen Bereich. Aufgrund meiner schnellen Auffassungsgabe sowie meiner Zielstrebigkeit fällt es mir leicht, mich kurzfristig in neue Tätigkeitsfelder einzuarbeiten. Außerdem bin ich durch die generalistische Ausrichtung meines wirtschaftswissenschaftlichen Studiums sehr gut in der Lage, mit hoher Flexibilität die unterschiedlichsten Aufgaben wahrzunehmen.
Darüber hinaus erscheinen mir meine Erfahrungen in der strategischen Analyse und der Projektarbeit sowie **mein Auslandssemester** an der New Yorker Business School (USA) weitere gute Voraussetzungen, um meinen Beitrag zu einer erfolgreichen Erfüllung der Aufgaben der IHK Köln zu leisten.

Ich freue mich auf Ihre Einladung zu einem Vorstellungsgespräch.

Mit freundlichen Grüßen

Robert Robmüller, Ökonom, M.A.
Landgrafenallee 13, 50775 Köln
0221 345 678 99, robmueller@gmx.de

Kommentar zu Variante 3

Insgesamt: In dieser Langversion geht der Überblick jetzt schnell verloren. Die ausführliche Mail will schon richtig gelesen werden. Die Fettungen wirken aber immer noch sehr attraktiv und strukturieren den Text.
Betreffzeile: Unspektakulär, aber in Ordnung.
Anrede: Namentlich und allein damit schon mal gut, ob aber ein »Hallo« hier angemessen ist …

Start: Ein gelungener Start, es wurde telefoniert und der Dank kommt gut an!
Erstes Drittel: Kommt trotzdem auch wieder schnell auf den Punkt und ist informativ.
Inhaltlich: Dieser ausführliche Text ersetzt vollkommen das Anschreiben.
Abschluss: Hier haben wir jetzt die eingescannte Unterschrift.
Abbinder: Eine etwas andere Variante. So geht es auch! Alles ist beisammen.

Zur Orientierung: Schema für das Anschreiben

Ihre Adresse:
Name, Adresse, Telefonnummer, evtl. Mobilnummer, E-Mail-Adresse

Die Anschrift:
Firma
Ihr Ansprechpartner
Firmenadresse

Ort und aktuelles Datum

Betreffzeile

Die Anrede
Sehr geehrte Frau … (oder: Sehr geehrter Herr …)
(eine Leerzeile)

Der 1. Absatz:
Sagen Sie hier etwas zum Aufgabengebiet, zum Arbeitsort und/oder zum Arbeitgeber. Vermeiden Sie das langweilige »hiermit bewerbe ich mich um …«

Der 2. und evtl. 3. Absatz:
Hier können Sie auf die in der Anzeige angegebenen Anforderungen eingehen. Zählen Sie dabei nicht alles wortwörtlich auf. Überlegen Sie, bei welchen Gelegenheiten Sie schon diese Eigenschaften bewiesen haben – also z. B. Tatkraft, Geduld, Belastbarkeit oder Teamgeist. Dann beschreiben Sie kurz eine solche Situation.

Der letzte Absatz:
Schreiben Sie, dass Sie interessiert an einem persönlichen Gespräch sind. Verwenden Sie dabei nicht die Möglichkeitsform (also nicht: »Ich würde mich freuen …«).
(eine Leerzeile)

Die Grußformel:
Mit freundlichen Grüßen

Die Unterschrift:
Sie unterschreiben gut leserlich, möglichst mit blauer Tinte mit Vor- und Zunamen (wiederholen Sie den Namen nicht noch einmal mit dem Computer geschrieben).

Anlagen

Das separate Anschreiben

Erst wenn alle anderen Unterlagen fertig sind, sollten Sie sich dem Anschreiben zuwenden. Sehen Sie es als eine Art ideale Bühne, um sich selbst, Ihre Persönlichkeit, Ihre hohe Leistungsmotivation und Ihre speziellen Fähigkeiten besonders zu inszenieren, vor allem aber eine Kurzzusammenfassung über den beruflichen Werdegang zu geben (s. S. 52; Der rote Faden).

Umfang: »In der Kürze liegt die Würze« ist die goldene Regel. Am besten ist ein Anschreiben von einer Seite (optimal: 6–8, maximal 12–14 Sätze bzw. Zeilen). Vertretbar sind in wenigen Ausnahmefällen eineinhalb Seiten, wenn Sie wirklich etwas ganz ungewöhnlich Wichtiges zu kommunizieren haben. Damit fallen Sie schon sehr aus dem Rahmen. Also Vorsicht!

Einstieg: Neben der sorgfältigen Briefkopfgestaltung, der korrekten Empfängeradresse (möglichst personalisiert), Ort und Datum ist es die Betreffzeile, die eine besondere Herausforderung darstellt. Sowohl der formulierte Betreff als auch ein (optionales) PS am Ende werden aufmerksam zur Kenntnis genommen. Das ist Ihre Chance. Wem es hier gelingt, mit etwas mehr Einfallsreichtum Aufmerksamkeit zu erzeugen, sammelt Pluspunkte. Die Betreffzeile kommt übrigens ohne die früher übliche Abkürzung »Betr.:« aus, Sie beginnen stattdessen sofort mit Ihren eigenen wohlüberlegten Worten.

Anrede: »Sehr geehrte Damen und Herren« – diese Formel kann schon einen groben Fehler darstellen. Personalisieren Sie die Anrede, finden Sie im Vorfeld heraus, wie der Entscheider heißt. Im Zweifel schreiben Sie namentlich an den Inhaber (Institutsleiter, Vorsitzenden oder Personalleiter) und gleich darunter an die »sehr geehrten Damen und Herren«.

Auftakt: Jeder Journalist muss seine Leser mit dem ersten Satz neugierig machen, fesseln und zum Weiterlesen »verführen«. Denn Leser sind ungeduldig. Genau dasselbe gilt auch für Chefs. Deshalb sollten Sie den Einstieg zu Ihrer Bewerbung so gestalten,

dass Ihr Arbeitgeber »dranbleiben« will. »Hiermit bewerbe ich mich um …« – oder »Ich beziehe mich auf Ihre Anzeige …« sind stereotype und sehr langweilige Einstiege. Als Richtlinien für den Anfang gelten: Spannung erzeugen – Interesse wecken – Freundlichkeit vermitteln.

Hauptteil: Hier gilt es, in kurzer und prägnanter Form darzustellen, warum Sie sich bewerben und weshalb gerade Sie der richtige, geradezu ideale Bewerber sind. Vermitteln Sie, genau ins Anforderungsprofil der Firma zu passen und was Sie Besonderes zu bieten haben. Über welche Qualifikationen und Qualitäten verfügen Sie, die z. B. den im Anzeigentext genannten Anforderungen entsprechen? Garantiert nicht erfolgreich: 08/15-Anschreiben, die verschickt werden wie eine Massenbriefsendung. Beantworten Sie ebenso klar wie knapp folgende Fragen: Warum bewerben Sie sich, wo stehen Sie jetzt, was wird Ihr Beitrag zum Erfolg des Unternehmens sein und was sind Ihre Ziele?

Schluss: Verwenden Sie keine Plattheiten, sondern setzen Sie einen freundlich-verbindlichen Schlusspunkt. Der letzte Satz klingt immer noch ein paar Momente im Gedächtnis nach. Beenden Sie Ihren Brief mit der Bitte um ein Vorstellungsgespräch, der Grußformel, Ihrer Unterschrift, dem Hinweis auf die Anlagen und eventuell einem PS.

Übersicht: Was das Anschreiben enthält

- Briefkopf
- Empfängeradresse (möglichst personalisiert)
- Ort und Datum
- Betreff (bis zu 3 Zeilen)
- Anrede (personalisiert)
- Brieftext (Auftakt, Hauptteil, Schluss)
- Grußformel
- Unterschrift (Vor- und Zuname, keine maschinenschriftliche Wiederholung)
- PS (optional)
- Hinweis auf Anlagen

Die Chance

Bei Ihrem Anschreiben bieten sich verschiedene kreative Gestaltungsmomente an. Angefangen beim Briefkopf-Design über die Betreffzeile bis hin zur Verabschiedung, einem PS und den Anlagen haben Sie einen großen Gestaltungsspielraum. Sie können z. B. nur das Anschreiben per Hand schreiben (Voraussetzung: gut leserliche Handschrift und ein relativ kurzer Text), bereits hier ein Foto platzieren oder durch die sogenannte Wasserzeichentechnik ein

 **MERKBLOCK**

Zur Bedeutung des Anschreibens: Nicht, dass das Anschreiben völlig unwichtig ist! Es wird jedoch in seiner Bedeutung von den meisten Bewerbern überschätzt. Alles was zählt, muss sich in Ihrem beruflichen Werdegang (Lebenslauf) befinden, muss da gut vorgetragen sein …

Hintergrundbild auf Ihr Anschreibenpapier bringen. Das Anschreiben ist ideal, um sich deutlich abzuheben, »unvergesslich« zu machen. Es besteht aber die Gefahr, dass die Aufmachung weder zu Ihnen noch zum Empfänger passt, wenn Sie es übertreiben.

Aber Achtung: Das Anschreiben wird in seiner Bedeutung überschätzt. Die entscheidenden Weichensteller Kompetenz, Leistungsmotivation und Persönlichkeit (KLP) sollten Sie auch hier transportieren. Nur: Ausschlaggebend ist Ihr beruflicher Werdegang, insbesondere die aktuelle (letzte) Position, die Sie innehaben. Das Wichtigste aus dem Werdegang gehört auch ins Anschreiben. Sie sollten aber diese Punkte dann im Lebenslauf auf jeden Fall noch einmal anführen. Gehen Sie nicht davon aus, dass der Empfänger im Anschreiben liest, dass Sie den Friedensnobelpreis überreicht bekommen haben, und im Lebenslauf lassen Sie dieses wichtige Ereignis einfach weg. Das wäre ein nicht kalkulierbares Risiko!

Unser Tipp: Wenn Sie es wirklich gut machen wollen, entwerfen Sie drei alternative Anschreiben, um diese einer selbst gewählten »Prüfungskommission« (Familie, Freunde etc.) vorzulegen. Durch Tipps und kritische Anregungen von anderen lässt sich das Bewerbungsanschreiben oftmals wesentlich verbessern und so von Mal zu Mal überzeugender gestalten.

Übersicht: Kreative Gestaltungsmöglichkeiten für Ihr Anschreiben

- per Hand (bitte nur bei leserlicher Handschrift, auf gutes Schreibwerkzeug achten, ggf. auch die Farbe der Schrift berücksichtigen)

- Format (es muss nicht immer A4 sein)

- Briefkopf, Absender (Platzierung und Gestaltung)

- Foto (plus evtl. ein zusätzliches auf der Lebenslaufseite)

- Betreffzeile (Inhalt und Gestaltung)

- Anrede (auch handgeschrieben möglich)

- Inhalt (Länge und Positionierung)

- Unterstreichungen, Fett- und Kursivsetzungen oder Farbmarkierungen (s. a. S. 64, 82)

- Hintergrund

- Abschlussformel (mit Grüßen aus … oder von … nach …)

- Unterschrift immer mit Vor- und Zunamen, auf Lesbarkeit und gutes Schreibwerkzeug achten

- PS (Hinweis, interessanter Eyecatcher, s. a. S. 64)

- Anlage-Auflistung (dito wie PS)

8. Lerntest:
Was sind die wichtigsten Bausteine Ihrer Bewerbung per E-Mail?

(Mehrere richtige Lösungen möglich! Für jede falsche Antwort 1 Punkt Abzug!)

a) das Anschreiben in der E-Mail-Maske
b) das Anschreiben im Dateianhang
c) die Arbeitszeugnisse
d) der berufliche Werdegang
e) das Foto

f) extra beigefügte Arbeitsproben
g) die Ausbildungsurkunden
h) die Dritte Seite
i) das Vorab-Telefonat
j) die Internet-Recherche

Die richtige Lösung finden Sie beim nächsten Lerntest auf Seite 65.

Lösung 7. Lerntest: Alle Antworten sind richtig: jeweils 1 Punkt.

Marienallee 101
01099 Dresden
Telefon: 0351 / 10 38 382
E-Mail: daniela_drose@yahoo.de

Montessori-Kinderhaus
Pädagogische Leitung
Ritterstraße 12
24113 Kiel

Dresden, 12. Januar 2014

Bewerbung als Erzieherin

Sehr geehrte Kolleginnen und Kollegen,

Hiermit möchte ich mich für Ihr Montessori-Kinderhaus als Erzieherin bewerben und stelle mich Ihnen vor: Ich bin 31 Jahre alt, staatlich anerkannte Erzieherin mit Montessori-Diplom und blicke bereits auf eine zehnjährige Berufserfahrung als Erzieherin (Montessori-Hort) zurück. Ich verfüge außerdem auch noch über eine vierjährige Berufserfahrung als pädagogische Unterrichtshilfe (Montessori-Grundschule).

Meine große Leidenschaft ist die Arbeit mit Kindern. Dabei zeichne ich mich durch eine gesunde Mischung aus Geduld und Durchsetzungsfähigkeit aus und verfüge über Einfühlungsvermögen, das es mir möglich macht, gezielt auf die Bedürfnisse der Kinder einzugehen und sie in ihrer Entwicklung individuell zu unterstützen und zu fördern.

Aufgrund meines sehr starken Asthmas, das an der See immer viel besser wird, möchte ich gerne nach Kiel umziehen. Ich versichere Ihnen, dass mich das Asthma in meiner Arbeit kaum beeinträchtigt und hoffe sehr, dass Sie mich trotz meiner Erkrankung zu einem Vorstellungsgespräch einladen.

Mit besten Grüßen

D. Drose

Anlagen: Deckblatt, Lebenslauf, Ausbildungszeugnisse, Arbeitszeugnisse

Daniela Drose / Anschreiben / Schlechte Version (Kommentar Seite 65)

Daniela Drose
Erzieherin

Marienallee 101
01099 Dresden
Telefon: 0351 / 10 38 382
E-Mail: daniela_drose@yahoo.de

Montessori-Kinderhaus
Frau Münck
Ritterstraße 12
24113 Kiel

Dresden, 12. Januar 2014

Bewerbung als Erzieherin
Ihre Annonce auf www.erzieherin.de

Sehr geehrte Frau Münck,

gerne möchte ich für Ihr Montessori-Kinderhaus als Erzieherin tätig werden
und stelle mich Ihnen heute kurz vor:

- 31 Jahre alt
- Staatlich anerkannte Erzieherin
- Montessori-Diplom
- Zehnjährige Berufserfahrung als Erzieherin (Montessori-Hort)
- Vierjährige Berufserfahrung als pädagogische Unterrichtshilfe
  (Montessori-Grundschule)

Der Arbeit mit Kindern, vor allem auch mit Kindern, die aufgrund schwieriger
Lebenssituationen besonderer Aufmerksamkeit bedürfen, gehört meine große
Leidenschaft. Dabei zeichne ich mich durch eine gesunde Mischung aus Geduld
und Durchsetzungsfähigkeit aus und dank meines großen Einfühlungsvermögens
ist es mir möglich, gezielt auf die Bedürfnisse der Kinder einzugehen und sie in
ihrer Entwicklung individuell zu unterstützen und zu fördern. Dabei sehe
ich die Arbeit nach Maria Montessori immer wieder als eine große Bereicherung
sowohl für die Kinder als auch für mich an.

Aufgrund eines Wohnortswechsels in meine Heimat suche ich zum April 2014
eine berufliche Aufgabe in Kiel. Hat meine Bewerbung Ihr Interesse geweckt,
so besuche ich Sie gerne vorab für einen Vorstellungstermin.

Mit besten Grüßen aus Dresden

Daniela Drose

Anlagen

Daniela Drose / Anschreiben / Verbesserte Version (Kommentar Seite 65)

Robert Robmüller
Ökonom, M.A.
Landgrafenallee 13
50775 Köln
Tel: 0221 345 678 99
E-Mail: robmueller@gmx.de

IHK Köln
Frau Birgit Bergfelde
Fasanenstraße 85
50623 Köln

Köln, 11. Februar 2014

Bewerbung als qualifizierte Nachwuchskraft für ein Traineeprogramm

Sehr geehrte Frau Bergfelde,

herzlichen Dank für das freundliche und informative Telefonat heute mit Herrn Selb.

Ausschlaggebend für meine Bewerbung sind die mit diesem besonderen Traineeprogramm verbundenen vielfältigen, interessanten und herausfordernden Einsatzgebiete sowie die Unabhängigkeit der IHK Köln von parteipolitischen Einflüssen und den individuellen Interessen einzelner Unternehmen und Branchen.

Zu meiner Person: An der Goethe-Universität Frankfurt habe ich Betriebswirtschaftslehre mit den besonderen Schwerpunkten Finanzierung, Marketing, Produktionswirtschaft und Volkswirtschaftstheorie studiert und mit einem Master (Durchschnitt: 1,3) abgeschlossen.

Meine Stärken liegen im analytischen, organisatorischen und kommunikativen Bereich.

Aufgrund meiner schnellen Auffassungsgabe und Zielstrebigkeit fällt es mir leicht, mich auch kurzfristig in neue Tätigkeitsfelder einzuarbeiten. Außerdem bin ich durch die generalistische Ausrichtung meines wirtschaftswissenschaftlichen Studiums in der Lage, mit hoher Flexibilität die unterschiedlichsten Aufgaben wahrzunehmen.

Darüber hinaus erscheinen mir meine Erfahrungen in der strategischen Analyse und der Projektarbeit sowie **mein Auslandsstudium** an der *New Yorker Business School* weitere gute Voraussetzungen, um meinen Beitrag zu einer erfolgreichen Erfüllung der Aufgaben der IHK Köln zu leisten.

Ich freue mich auf die Einladung zu einem Vorstellungsgespräch.

Mit freundlichen Grüßen

Robert Robmüller

PS: Ich sende Ihnen per Post mein Thesenpapier zur Effizienzkontrolle öffentlicher Verwaltungen, das ich im Rahmen meiner Studien an der New Yorker Business School als Semesterarbeit erstellt habe.

Anlagen

Robert Robmüller / Anschreiben (Kommentar Seite 65)

Kommentar zum 1. Anschreiben von Daniela Drose (S. 62)

Ein hübsch designtes Anschreiben, leider jedoch ohne Berufsbezeichnung. Immerhin ist es adressiert an die pädagogische Leitung, wenn auch die Verantwortliche namentlich nicht angesprochen wird – schade! Der Bezug in der Betreffzeile wirkt unvollständig. Die Anrede der Kolleginnen und Kollegen ist zwar kein schlimmer Fehler, aber zunächst beurteilt das Anschreiben und die weiteren Anlagen, die unten überflüssigerweise detailliert aufgeführt sind, die Leiterin, die zuerst und am besten namentlich angeredet werden muss. Schon der erste Satz ist leider ein No-Go! »Hiermit« (falsch geschrieben, nach dem Komma geht es klein weiter!) darf man heutzutage einfach nicht mehr schreiben … und der erste Satz ist wirklich absolut einfallslos. Dabei kann unsere Bewerberin durchaus etwas Interessantes anbieten. Leider ist die gewählte Form äußerst langweilig und zweimal hintereinander mit „Ich" den Satz zu beginnen ist sehr ungeschickt. Der zweite Absatz enthält zwar gute Infos, die aber eher unvorteilhaft getextet sind. Den Unterschied werden Sie im Vergleich mit der überarbeiteten Version des Anschreibens selbst beurteilen können. Zu guter Letzt auch noch eine gesundheitliche Offenbarung, die zwar ehrlich klingt, aber die Chance auf ein Vorstellungsgespräch erheblich schmälert. So etwas kann man eventuell persönlich vortragen, nicht aber gleich ins Anschreiben packen, wenn man eingeladen werden will. Bei der Unterschrift ist der Vorname nicht ausgeschrieben. Schade, denn häufig sind Vornamen gute Sympathieträger. Insgesamt ist hier vieles weggelassen oder falsch gemacht …, aber wir lernen dadurch.

Kommentar zum 2. Anschreiben von Daniela Drose (S. 63)

Das hübsch designte Anschreiben vermittelt sofort, um wen und was (bessere Betreffzeile) es sich handelt. Hier ist die Berufsbezeichnung direkt und unübersehbar unter dem Namen platziert.

Die verantwortliche Leiterin wird in der Anschrift und auch in der Anrede namentlich angesprochen. Der Eröffnungssatz ist akzeptabel und die durchaus interessanten Angebote der Bewerberin fallen so aufgeführt jedem sofort mühelos ins Auge. Auch sind die weitergehenden Sätze nicht mehr verquer formuliert und der Abschluss ist keine Offenbarung über den Gesundheitszustand, die den Einlader zögern lassen könnte. Die komplette Unterschrift und der Hinweis auf die Anlagen sind hier korrekt. Mit dieser Variante hat Frau Drose dann auch ihre Einladung erhalten.

Kommentar zum Anschreiben von Robert Robmüller (S. 64)

Insgesamt: Eine außergewöhnliche Schriftart (Century Gothic) und eine noch ungewöhnlichere Pointierung des Anschreibentextes durch Fettungen lassen den Blick unweigerlich länger auf dem Inhalt verweilen und lösen Interesse aus. Die Gestaltung unterstützt auch das schnelle Auffassen und Verstehen beim Lesen und hilft dem Absender dadurch, einen bleibenden Eindruck zu hinterlassen.

Briefkopf: Unspektakuläre, aber doch recht ästhetische Lösung, die zum Gesamtauftritt passt.

Betreffzeile: Kann nicht übersehen werden, macht aufmerksam.

Anrede: Klassisch, das ist angemessen.

Start: Ein gelungener, eher untypischer Einstieg. Sehr gut, mit der Motivation zu starten!

Erstes Drittel: Hier kommt keine Langeweile auf. Der Absender hat sich sichtlich Mühe gegeben.

Inhaltlich: Hervorragend komponiert, interessant! Die Fettungen strukturieren den Inhalt optimal. So ein Anschreiben bleibt in Erinnerung!

Verabschiedung: Sehr gut gelungen, selbstbewusst und nicht formelhaft!

Abschluss: Das PS macht neugierig, darüber will man mehr wissen.

LERNTEST

9. Lerntest: Was stellt bei Ihren E-Bewerbungsunterlagen wirklich die Einladungs-Weichen?

(Mehrere richtige Lösungen möglich! Für jede falsche Antwort 1 Punkt Abzug!)

a) das Sympathie mobilisierende Foto
b) Ihre markante Unterschrift
c) das wohlklingende Anschreiben
d) der brillante Lebenslauf
e) Ihre nachweislichen beruflichen Erfolge
f) Ihre guten Ausbildungsabschlüsse
g) Ihre lobenden Arbeitszeugnisse
h) die interessanten Hobbys
i) das hervorragende Design Ihrer Bewerbungsmappe

Die richtige Lösung finden Sie beim nächsten Lerntest auf Seite 144.

Lösung 8. Lerntest: Lösungen a, d, g und e jeweils 1 Punkt, Lösungen b, c, f und h jeweils 0,5 Punkte.

Layout:
Stichwort Typografie und etwas mehr

Natürlich bleibt es nicht ohne Wirkung, welche Schrifttype, -größe und -farbe Sie benutzen. Und dann noch der Hintergrund! OK, jetzt wird es gefährlich (alles rosarot und was sieht Ihr Empfänger?). Nicht jeder Hintergrund (z. B. Bildmotive mit Landschaft oder Wasser) ist im beruflichen Kontext geeignet und stößt auf Gegenliebe. Und oftmals ist weniger mehr.

Wichtig ist jetzt nur, dass Sie zunächst überlegen, was zu Ihnen und Ihrem Angebot besser passt, was Ihnen selbst und Ihrem Ansprechpartner gefallen könnte und was angemessen ist. Eine 9-Punkt-Schrift ist schon grenzwertig – je nachdem, welche Schriftart Sie wählen, wird es dann schwierig mit der Lesbarkeit und dem Vergnügen, sich Ihre Texte anzuschauen.

Aber warum nicht mal für einen relativ kurzen Text eine 15-Punkt-Schrift wählen oder statt immer Schwarz sich für Dunkelblau (ist bald nicht mehr außergewöhnlich) oder ein sehr helles, aber doch noch gut lesbares Himmelblau (Grün oder Rot sind eher ungeeignet) entscheiden?

Eine sehr exotische Schrift fällt natürlich viel stärker auf, ob positiv, sollten Sie und ein ausgewähltes Publikum, das Sie befragen, entscheiden. Ob Sie häufig unterstreichen oder fetten, bisweilen Passagen kursiv setzen, alles Ihre Entscheidung und sicherlich Geschmackssache, aber eben auch Gestaltungsmöglichkeit. Und wenn Sie daraus eine Kontinuität, ein System machen (eine Art Corporate Design für Ihre gesamten Bewerbungsunterlagen), kann das einen guten Eindruck hinterlassen.

Entscheidend bleibt: Wie stehen Sie persönlich und die Empfänger dazu? Wie passt das alles zu Ihrem Vorhaben? Und haben Sie so etwas wie ein Konzept, einen Plan und wird der auch konsequent durchgehalten? Ein Profi kann Sie dabei gut beraten. Wo Sie den finden? Recherchieren Sie am besten im Internet oder beauftragen Sie uns (Kontaktdaten vorne im Buch).

Exkurs:
E-Mail-Signaturen und Selbstmarketing

Ein wichtiges Selbstmarketing-Tool kann Ihre E-Mail-Signatur sein. Überlegen Sie mal, wie viele E-Mails Sie pro Tag verschicken, in denen Sie am Ende Ihr berufliches Profil, Ihre Stärken und Kompetenzen kurz präsentieren könnten. Es sind ganz sicher viele Chancen, die man nutzen sollte. So weit, so gut. Jetzt wird es technisch etwas kompliziert. Zunächst einmal gibt es die reine Text-Signatur. Hier wird es keine technischen Probleme geben, wobei gleichzeitig auch keine gestalterischen Höchstleistungen realisierbar sind (s. erstes Beispiel rechts).

Etwas komplizierter wird es, wenn man auch ein Foto oder bestimmte Textformatierungen übermitteln will. Hierzu muss die gesamte E-Mail im HTML-Format erstellt und verschickt werden, wobei dann auch der Empfänger HTML-E-Mails lesen können muss. Sollte dies nicht der Fall sein, so besteht das Risiko, dass Ihre E-Mail unvollständig übermittelt wird. Wir empfehlen deshalb, bei sehr wichtigen E-Mails diese Variante eher nicht zu verwenden.

Beim zweiten Beispiel haben wir ein Foto verwendet, verschiedene Textformatierungen und Farben sowie auch einen direkten Link zum XING-Profil von Frau Meier. Wenn wir nach dem Kriterium gehen, welche Signatur am meisten Aufmerksamkeit auf sich zieht, so ist das Ergebnis klar. Frau Meier vermittelt mit Ihrer Signatur Kompetenz und Leistungsmotivation (Uni-Abschluss, beruflicher Schwerpunkt) sowie Persönlichkeit (Foto). Und mit dem Link zu ihrem XING-Profil kann sie weitere Selbstmarketing-Chancen nutzen. Das Risiko ist wie gesagt lediglich, dass diese Signatur vielleicht nicht von allen Empfängern gelesen werden kann.

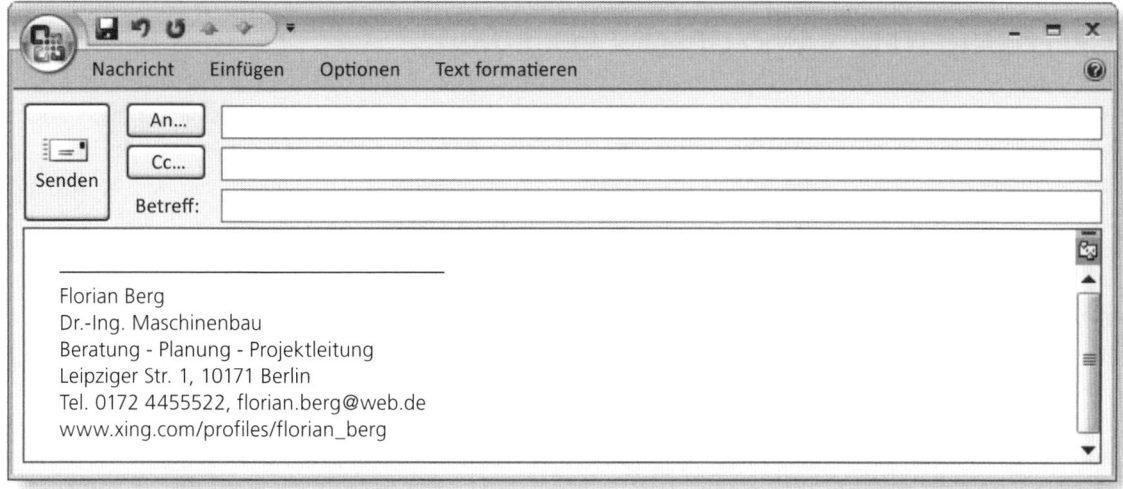

Florian Berg
Dr.-Ing. Maschinenbau
Beratung - Planung - Projektleitung
Leipziger Str. 1, 10171 Berlin
Tel. 0172 4455522, florian.berg@web.de
www.xing.com/profiles/florian_berg

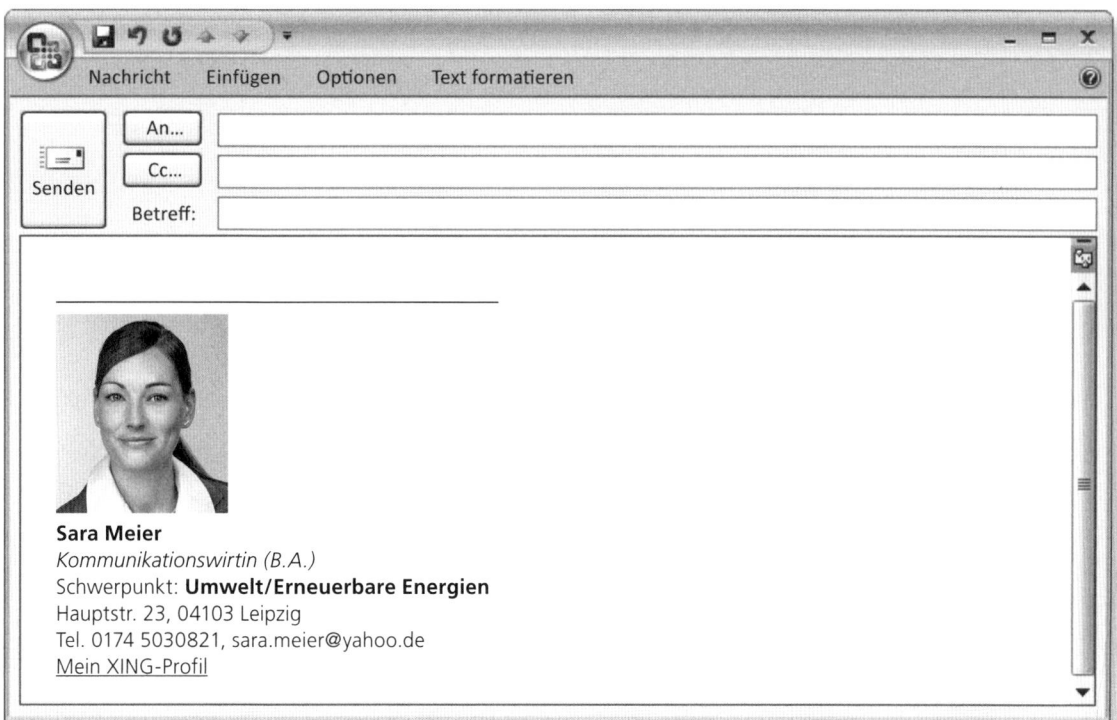

Sara Meier
Kommunikationswirtin (B.A.)
Schwerpunkt: **Umwelt/Erneuerbare Energien**
Hauptstr. 23, 04103 Leipzig
Tel. 0174 5030821, sara.meier@yahoo.de
Mein XING-Profil

GELEGENHEITEN: »ANKLOPFEN« PER E-MAIL

Im Folgenden möchten wir Ihnen drei Gelegenheiten vorstellen, die Sie nutzen können, um per Mail beim Wunscharbeitgeber »anzuklopfen« und so zusätzlich auf sich und Ihr Mitarbeitsangebot aufmerksam zu machen.

E-Mail vorab als Ankündigung: Wenn Sie Ihre Bewerbung durch eine Art »kleinen Trommelwirbel« ankündigen wollen, so bietet sich dies z. B. mit einer E-Mail an. Machen Sie mit einigen kurzen Worten auf sich aufmerksam und wecken Sie die Neugierde des Empfängers.

E-Mail zwischendurch: Sie haben Ihre Unterlagen erfolgreich verschickt und bisher nichts gehört und keine Eingangsbestätigung erhalten. Nach ca. 5–7 Tagen ist eine Nachfrage per E-Mail durchaus angemessen. Formulieren Sie noch einmal Ihr Interesse an der Position und erkundigen Sie sich, ob alles gut angekommen ist, ob vielleicht noch bestimmte Unterlagen fehlen und wann mit einer Entscheidung/Rückmeldung zu rechnen ist. Aber höflich, nicht vorwurfsvoll oder ungeduldig!

E-Mail mit Dank für die Einladung oder nach dem Vorstellungsgespräch: Sich bedanken kommt immer gut an. Ob Sie sich für die freundliche Einladung vorab bedanken und/oder nach dem geführten Vorstellungsgespräch, bleibt Ihnen überlassen. Es ist in jedem Fall ein guter Weg, sich den Entscheidern in Erinnerung zu bringen.

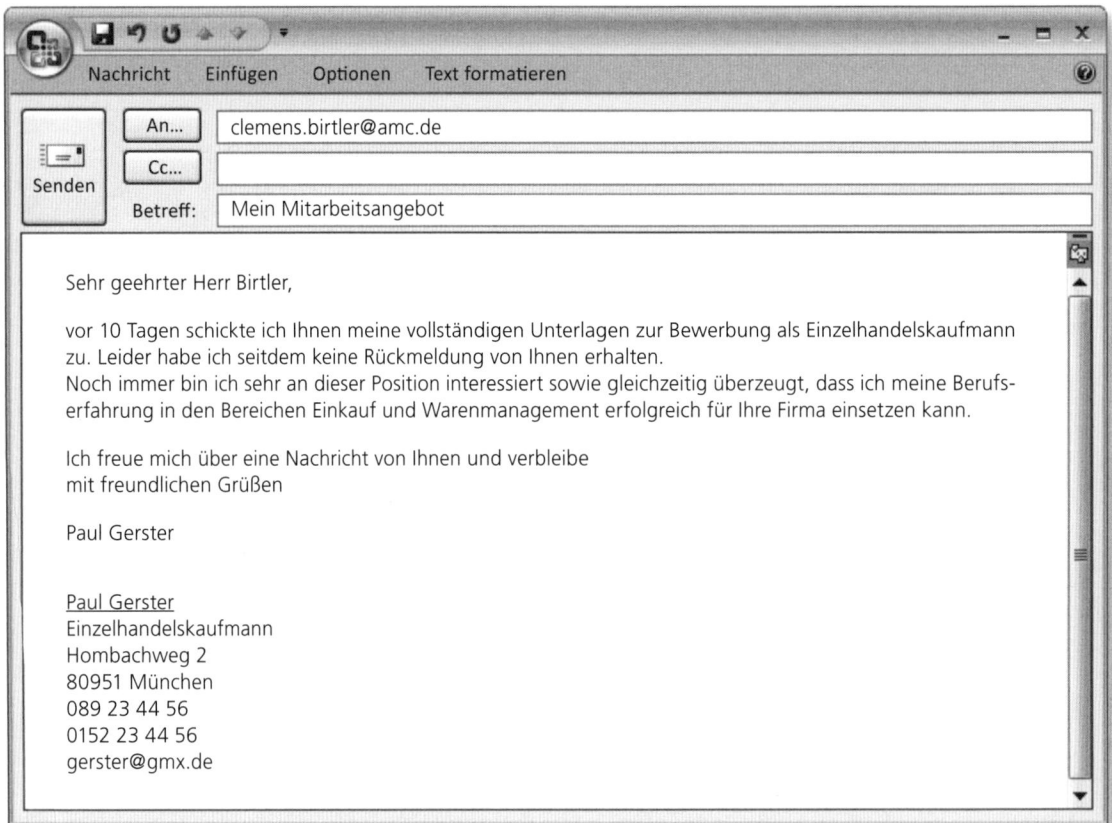

BEISPIELE: BEWERBUNGEN UND KOMMENTARE

Bewerbung einer Assistentin der Geschäftsführung

Variante 1

Marie Müller / E-Mails (Kommentar Seite 77)

Variante 2

Nachricht   Einfügen   Optionen   Text formatieren

An...   s.schmidt@siegel-ag.de

Cc...

Betreff: Bewerbung als Assistentin der Geschäftsführung

Sehr geehrter Herr Dr. Schmidt,

es ist mir immer wieder eine große Freude, Entscheidungen detailliert vorzubereiten und betriebswirtschaftliche Vorgänge sowie Kennzahlen zu analysieren und auszuwerten. In einem zweiten Schritt erarbeite ich sehr gerne Optimierungsvorschläge, um sie dann gemeinsam mit Kollegen und Mitarbeitern umzusetzen.

Für meine persönliche Entfaltung ist es mir von großer Bedeutung, mich erfolgreich in einem anspruchsvollen Umfeld einbringen zu können.
Ich möchte nach fast 15 Jahren Berufserfahrung mein Qualifikationspotenzial durch eine deutliche berufliche Neuorientierung weiterentwickeln. Mein Arbeitgeber konnte mir keine Perspektiven dazu anbieten, weshalb ich nach einer Bedenkzeit um die Aufhebung meines Arbeitsvertrages bat.

Daher ist der Beginn einer neuen Tätigkeit für mich auch kurzfristig möglich.
Ich freue mich, von Ihnen zu hören, und verbleibe mit freundlichen Grüßen aus Berlin

Marie Müller

Marie Müller, Kauffrau für Bürokommunikation
Am Gendarmenmarkt 26   10171 Berlin
+49 151 100 288 55   +49 30 23 23 774
marie.mueller@mail.de   www.m.mueller.com

Geboren am 1977-03-29 in Potsdam
Verheiratet, keine Kinder, ortsungebunden
Führerschein A und B

Besondere Kenntnisse und Erfahrungen in den Bereichen
- Analyse betriebswirtschaftlicher Plan-, Ist- und Erwartungswerte
- Ziel- und Maßnahmencontrolling
- Umsetzung von zentralen Planungsvorgaben
- Vorbereitung von Business-Reviews
- Organisation von Veranstaltungen, Meetings, Reisen etc.
- Erstellen von Korrespondenzen
- Erarbeiten, Auswerten, Interpretieren von statistischen Erhebungen
- Betreuung interner und externer Kunden
- Event- und Qualitätsmanagement
- Budgetüberwachung
- Personal- und Marketingcontrolling
- das komplette Officemanagement von der Terminkoordination
  bis hin zur Erstellung von Präsentationsunterlagen

Sprachen
- gute Englischkenntnisse in Wort und Schrift
- sehr gute Spanischkenntnisse in Wort und Schrift
- Russisch (Grundkenntnisse)

EDV
- sehr gute Kenntnisse in Word und Excel
- sowie in PowerPoint, Outlook, SAP R/3
- sehr gute Internetkenntnisse
- gute Kenntnisse in Access, Adobe InDesign, Lexware

Interessen
- seit 2008 ehrenamtliche Mitarbeit bei der Telefonseelsorge in Potsdam

Marie Müller / E-Mails (Kommentar Seite 77)

Marie Müller
Am Gendarmenmarkt 26
10171 Berlin
+49 151 100 288 55

Siegel AG
Herrn Dr. Schmidt
Unter den Linden 1
10711 Berlin

Assistentin der Geschäftsführung

Sehr geehrte Damen und Herren,
sehr geehrter Herr Dr. Schmidt,

ich bewerbe mich bei Ihnen, da mich die Vielfalt der von Ihnen beschriebenen Aufgaben und auch die konkreten Tätigkeitsschwerpunkte sehr interessieren. All das entspricht genau auch meinen Fähigkeiten und Erfahrungen, die ich Ihnen gerne zur möglichst baldigen Verfügung stellen möchte.

Seit meinem recht erfolgreichen Abschluss meiner Ausbildung habe ich bei der Rademacher GmbH immer mehr Aufgaben und Verantwortung übertragen bekommen. Ich kenne mich mit wirklich allen Assistenzaufgaben bestens aus und erledige diese gerne, schnell, eigenverantwortlich und schon seit Jahren immer sehr engagiert.

Es bereitet mir immer wieder eine sehr, sehr große Freude, Entscheidungen detailliert vorzubereiten, betriebswirtschaftliche Vorgänge und Kennzahlen zu analysieren und auszuwerten und dann Optimierungsvorschläge für meinen Chef und das Team zu erarbeiten und anzubieten.

Ich zeichne mich außerdem durch ein großes Organisationstalent aus und es macht mir immer wieder Spaß, wenn es im Arbeitsalltag turbulent zugeht und die verschiedensten Aufgaben innerhalb kürzester Zeit erledigt werden müssen.

In stressigsten Situationen bewahre ich immer einen kühlen Kopf. Meine ausgeprägte Kommunikationsfähigkeit sowie mein Englisch und Spanisch kommen mir im Arbeitsalltag mit internationalen Kunden oftmals sehr zugute.

Über eine Gelegenheit, sich einander im persönlichen Gespräch eventuell kennenzulernen, würde ich mich wirklich riesig freuen und verbleibe jetzt einstweilen

mit freundlichen Grüßen

Marie Müller

Anlagen

Marie Müller / Anschreiben / Schlechte Version (Kommentar Seite 77)

Lebenslauf

Persönliche Daten

Marie Müller, geb. Bohmer

Am Gendarmenmarkt 26, 10171 Berlin
Telefon: +49 151 100 288 55
E-Mail: marie.mueller@mail.de

geboren am 1977-03-29 in Potsdam
verheiratet, keine Kinder, ortsungebunden,
Führerschein A und B

Ausbildung und beruflicher Werdegang

1995	Allgemeine Hochschulreife Hegel Gymnasium, Berlin
1995–1998	Ausbildung zur Kauffrau für Bürokommunikation Rademacher GmbH, Berlin Mit IHK-Abschluss Schwerpunkte: Finanzen, Vertrieb, Office- und Assistenzaufgaben
Seit Jan. 1998 bis Apr. 2004	Rademacher GmbH, Berlin Assistentin im Bereich Finanzen und Controlling
Mai 2004–Aug. 2009	Leiterin im Bereich Finanzen und Controlling
seit Sept. 2009	Seniorreferentin Personalcontrolling im Bereich Finanzen und Controlling
Okt. 2010–Dez. 2010	Intensivkurs Spanisch Internationale Sprachschule, Madrid Abschluss: Nivel Asistencia (B2)
Hobbys	ehrenamtliche Mitarbeit bei der Telefonseelsorge Kochen, Backen, Stricken, Puzzeln, Sport und Lesen sowie Musik hören

Berlin, den 22. Januar 2014

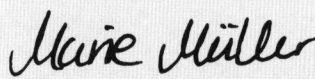

Marie Müller
Kauffrau für Bürokommunikation
Am Gendarmenmarkt 26
10171 Berlin
+49 151 100 288 55
+49 30 23 23 774
E-Mail: marie.mueller@mail.de

Bewerbung

als Assistentin des Vorstands

Wer nicht vorangeht, geht zurück.
Matthias Claudius

Marie Müller

Kauffrau für
Bürokommunikation

36 Jahre,
verheiratet, keine Kinder

Marie Müller / Deckblatt / Verbesserte Version (Kommentar Seite 77)

Marie Müller
Kauffrau für Bürokommunikation
Am Gendarmenmarkt 26
10171 Berlin
+49 151 100 288 55
+49 30 23 23 774
E-Mail: marie.mueller@mail.de

Siegel AG
Herrn Dr. Schmidt
Unter den Linden 1
10711 Berlin

Bewerbung als Assistentin der Geschäftsführung

Berlin, 22. Januar 2014

Sehr geehrter Herr Dr. Schmidt,

da mich sowohl die Vielfalt der von Ihnen beschriebenen Aufgaben als auch die konkreten Tätigkeitsschwerpunkte sehr interessieren und meinen Fähigkeiten und Erfahrungen entsprechen, stelle ich mich Ihnen als Vorstandsassistentin vor.

Seit erfolgreichem Abschluss meiner kaufmännischen Ausbildung habe ich bei der Rademacher GmbH im Bereich Finanzen und Controlling immer mehr Aufgaben und Verantwortung übertragen bekommen. Daher kenne ich mich mit Assistenzaufgaben – von Organisationsabläufen über Projektmanagement bis hin zur Verantwortung für komplette Controlling-Bereiche – bestens aus und erledige diese wirklich gerne eigenverantwortlich und immer sehr engagiert.

Es bereitet mir stets eine große Freude, Entscheidungen detailliert vorzubereiten, betriebswirtschaftliche Vorgänge und Kennzahlen zu analysieren und auszuwerten sowie im zweiten Schritt Optimierungsvorschläge zu erarbeiten, um sie gemeinsam mit Kollegen und Mitarbeitern umzusetzen und immer wieder zu überprüfen.

Zudem zeichne ich mich durch großes Organisationstalent aus – es macht mir Spaß, wenn es im Arbeitsalltag turbulent zugeht, gezielt Prioritäten gesetzt und viele verschiedene Aufgaben innerhalb kürzester Zeit erledigt werden müssen.

Selbst in stressigsten Situationen bewahre ich Humor und vor allem einen kühlen Kopf. Meine ausgeprägte Kommunikationsfähigkeit sowie der routinierte Umgang mit dem Englischen und Spanischen kommen mir in der individuellen Betreuung inter-nationaler Kunden zugute.

Über eine Gelegenheit, einander im persönlichen Gespräch kennenzulernen, freue mich schon jetzt und verbleibe

mit freundlichen Grüßen

Marie Müller

Anlagen

Marie Müller / Anschreiben / Verbesserte Version (Kommentar Seite 77)

Marie Müller
Kauffrau für Bürokommunikation
Am Gendarmenmarkt 26
10171 Berlin
+49 151 100 288 55
+49 30 23 23 774
E-Mail: marie.mueller@mail.de

Lebenslauf

Persönliche Daten

Marie Müller, geb. Bohmer

Am Gendarmenmarkt 26, 10171 Berlin
Telefon: +49 151 100 288 55
E-Mail: marie.mueller@mail.de

geboren am 1977-03-29 in Potsdam
verheiratet, keine Kinder, ortsungebunden,
Führerschein A und B

Beruflicher Werdegang

Aufgabenbereich	seit Jan. 1998 **nach abgeschlossener Ausbildung zunächst allgemeines Sekretariat, später Alleinsekretariat des Vorstandes Controlling** Jan. 1998–Apr. 2004, Rademacher GmbH, Berlin **Assistentin im Bereich Finanzen und Controlling** Mai 2004–Aug. 2009 **Leiterin im Bereich Finanzen und Controlling** seit Sept. 2009 **Seniorreferentin Personalcontrolling im Bereich Finanzen und Controlling**

Berufsausbildung

Ausbildung	1995–1998 Rademacher GmbH, Berlin **Kauffrau für Bürokommunikation** mit IHK-Abschluss Schwerpunkte: Finanzen, Vertrieb, Office- und Assistenzaufgaben

Schulbildung

Sprachschule	Okt. 2010 – Dez. 2010 I Internationale Sprachschule, Madrid Intensivkurs Spanisch Abschluss: Nivel Asistencia (B2)
Gymnasium	1995 Hegel Gymnasium, Berlin Allgemeine Hochschulreife

Besondere Kenntnisse

Erfahrungen in den Bereichen	• Analyse betriebswirtschaftlicher Plan-, Ist- und Erwartungswerte • Ziel- und Maßnahmencontrolling • Umsetzung von zentralen Planungsvorgaben • Vorbereitung von Business-Reviews • Organisation von Veranstaltungen, Meetings, Reisen etc. • Erstellen von Korrespondenzen • Erarbeiten, Auswerten, Interpretieren statistischer Erhebungen • Betreuung interner und externer Kunden • Event- und Qualitätsmanagement • Budgetüberwachung • Personal- und Marketingcontrolling • das komplette Officemanagement von der Terminkoordination bis hin zur Erstellung von Präsentationsunterlagen
Sprachen	• Deutsch als Muttersprache • gute Englischkenntnisse in Wort und Schrift • sehr gute Spanischkenntnisse in Wort und Schrift • Russisch (Grundkenntnisse)
EDV	• sehr gute Kenntnisse in Word und Excel • sowie in PowerPoint, Outlook, SAP R/3 • sehr gute Internetkenntnisse • gute Kenntnisse in Access, Adobe InDesign, Lexware
Interessen	seit 2008 ehrenamtliche Mitarbeit bei der Telefonseelsorge in Potsdam

Für meine persönliche Entfaltung ist es mir von großer Bedeutung, mich erfolgreich in einem anspruchsvollen Umfeld einbringen zu können. Ich möchte nach fast 15 Jahren Berufserfahrung meine Qualifikationspotenziale durch eine berufliche Neuorientierung weiterentwickeln. Mein Arbeitgeber, die Rademacher GmbH, konnte mir aktuell keine Perspektiven dazu anbieten, weshalb ich nach einer kurzen Bedenkzeit um die Aufhebung meines Arbeitsvertrages bat. Daher ist der Beginn einer neuen Tätigkeit für mich auch kurzfristig möglich.

Berlin, 2014-01-22   *Marie Müller*

Kommentar zur Mail-Variante 1 (S. 69)

Insgesamt: Ein vielversprechender Auftakt, gelungener, sparsamer Umgang mit Fettungen, keine Unterstreichungen, außergewöhnliche Botschaften machen unbedingt neugierig.

Betreffzeile: Klar, kurz und unspektakulär, aber doch überzeugend!

Anrede: Namentliche Ansprache, schön.

Start: Sehr außergewöhnlicher, gelungener Einstieg!

Erstes Drittel: So kurz und prägnant, dass man hier nicht vom ersten Drittel sprechen kann.

Inhaltlich: Interessanter Starttext, der unbedingt neugierig auf mehr macht.

Abschluss: Korrekt getextet, eine eingescannte Unterschrift – gut!

Abbinder: Einfach, aber gut auch wegen der Berufsbezeichnung.

Hinweis zum Anhang: Anschreiben und Lebenslauf werden beigefügt.

Kommentar zur Mail-Variante 2 (S. 70)

Insgesamt: Ein stark auffälliger, aber doch noch sehr angenehmer, vielversprechender Auftakt! Ganz sparsamer Umgang mit Fettungen, keine Unterstreichungen, außergewöhnliche Botschaften, viel Inhalt und gute Präsentation der Kompetenzen und Erfahrungen – so wird's gemacht!

Betreffzeile: Klar, kurz und unspektakulär, aber sehr gut, weil überzeugend!

Anrede: Namentliche Ansprache, schön.

Start: Sehr außergewöhnlicher, aber gut gelungener Einstieg, nicht floskelhaft!

Erstes Drittel: Kurz und prägnant, sodass man von einer gelungenen Komposition sprechen kann.

Inhaltlich: Eine gute Anmoderation, die neugierig auf mehr macht.

Abschluss: Korrekt getextet, außergewöhnliche Grußformel, eine eingescannte Unterschrift – gut!

Abbinder: Die Berufsbezeichnung wurde nicht vergessen. Schlicht, aber nicht schlecht.

Hinweis zum Anhang: Dieser Kurzbewerbung wird kein Anhang beigefügt, ausführliche Bewerbungsunterlagen werden auf Anfrage nachgereicht.

Kommentar zur schlechten Version der Bewerbungsunterlagen von Marie Müller (S. 71 f.)

Ein sehr schlicht bis langweilig gestaltetes ziemlich langes und ermüdendes **Anschreiben** (Blocksatz) mit einer unnötig großen Betreffzeile werden den Empfänger wohl kaum beeindrucken. Die Abfolge der Anrede ist falsch, erst kommt Dr. Schmidt, dann die Damen und Herren. Die etwa alle gleich großen Kurzabsätze sind sprachlich nicht überzeugend und wir-

ken einfallslos bis undynamisch. Das zu lesen macht wirklich keinen Spaß oder ist wie der Abschlusssatz unfreiwillig komisch.

Weiter geht's mit einem wenig originell gestalteten einseitigen **Lebenslauf**, der an sich noch nicht einmal wirklich schlecht, sondern nur schlicht ist. Für eine schnelle Info könnte dieser ausreichen, wenn man aber seine Bewerbungsunterlagen insgesamt überreicht, dann wirkt diese Variante lieblos. Ziemlich unvorteilhaft auch das Foto unserer Bewerberin – es ist viel zu klein und über dem Kopf ist zu viel Hintergrund sichtbar. Dabei hat sie ein durchaus gewinnendes Lächeln. Misslungen ist die bunte, vielfältige (um nicht zu sagen auch einfältige) Aufzählung ihrer Hobbys. Wir sind jedoch dankbar für die Lernlektion und wenden uns der verbesserten Version zu.

Kommentar zur verbesserten Version der Bewerbungsunterlagen von Marie Müller (S. 73 ff.)

Die Eröffnung der 2. Version dieser Bewerbung macht eine Art Einleitungs- oder Deckblattseite, sehr schön gestaltet, ein richtig sympathisches Foto und ein besonderes Zitat! Natürlich will uns die Kandidatin damit etwas sagen und wer den Text weiterliest, versteht worum es geht. Absolut gelungen, ein wunderbarer Eyecatcher.

Anschreiben: Ein gut gestalteter Absender mit Berufsangabe, eine optimierte Betreffzeile, die auffällt, aber einem nicht unangenehm ins Gesicht springt, und eine verbesserte Anrede lassen schon mal einen guten Start zu und ein wohlwollendes Interesse aufkommen. Auch ist der Anschreibentext jetzt deutlich sorgfältiger formuliert und die unterschiedlich langen Absätze und der Verzicht auf den Blocksatz kommen dem Anschreiben und seiner Dynamik voll zugute. Das sieht doch jetzt schon mal viel besser aus!

Lebenslauf: Gute Verteilung auf zwei Seiten, aber im Block »Beruflicher Werdegang« wählt die Bewerberin die klassische und nicht die amerikanische Abfolge ihrer Daten (klassisch: von der Vergangenheit in die Gegenwart, amerikanisch: vom Aktuellen in die Vergangenheit). Nicht schlimm, aber außergewöhnlich und nicht konsequent. Sicherlich hätte sie uns auch noch eine Berufsstation mehr am Anfang ihrer Laufbahn präsentieren und dafür die Gymnasiums-Zeile kürzen können. Auf der zweiten Seite besticht die Aufzählung ihrer Erfahrungen. Sicherlich wird sie dazu im Vorstellungsgespräch befragt. Sehr gut gelungen ist ihr auch der Motivationstext, eine Art Dritte-Seite-Botschaft, den sie ans Ende ihres Lebenslaufes stellt.

Bewerbung eines Physiotherapeuten

Variante 1

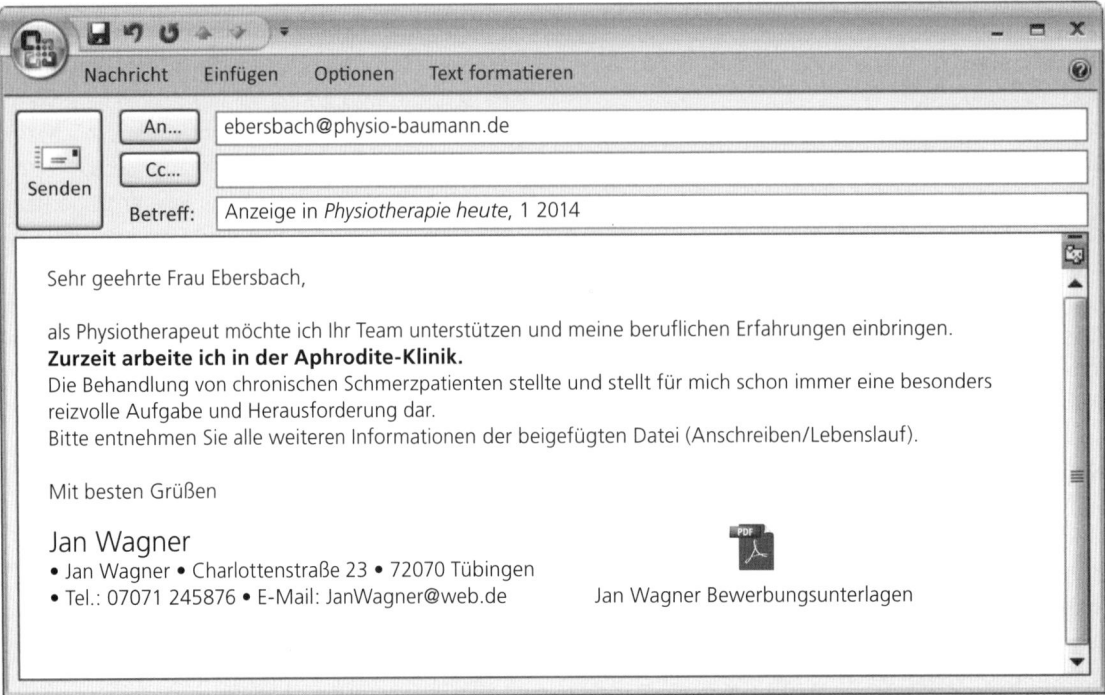

An... ebersbach@physio-baumann.de

Cc...

Betreff: Anzeige in *Physiotherapie heute*, 1 2014

Sehr geehrte Frau Ebersbach,

als Physiotherapeut möchte ich Ihr Team unterstützen und meine beruflichen Erfahrungen einbringen.
Zurzeit arbeite ich in der Aphrodite-Klinik.
Die Behandlung von chronischen Schmerzpatienten stellte und stellt für mich schon immer eine besonders reizvolle Aufgabe und Herausforderung dar.
Bitte entnehmen Sie alle weiteren Informationen der beigefügten Datei (Anschreiben/Lebenslauf).

Mit besten Grüßen

Jan Wagner
• Jan Wagner • Charlottenstraße 23 • 72070 Tübingen
• Tel.: 07071 245876 • E-Mail: JanWagner@web.de

Jan Wagner Bewerbungsunterlagen

Variante 2

An... ebersbach@physio-baumann.de

Cc...

Betreff: Anzeige in *Physiotherapie heute*, 1 2014

Sehr geehrte Frau Ebersbach,

als Physiotherapeut möchte ich Ihr Team unterstützen. Es reizt mich sehr, nach dem Klinikalltag wieder in einer Praxis für Physiotherapie zu arbeiten, da ich diese Arbeitsatmosphäre bevorzuge.
Ich mag es, wenn es viel zu tun gibt und evtl. ein wenig turbulenter zugeht. Gleichzeitig schätze ich es sehr, in einem kleineren, überschaubaren Team zusammenzuarbeiten und einen festen Patientenstamm zu betreuen.
Ich verfüge über ein Zertifikat in Manueller Therapie und die Behandlung von chronischen Schmerzpatienten stellte schon immer für mich eine sehr reizvolle Aufgabe und Herausforderung dar.
Zurzeit arbeite ich in der Aphrodite-Klinik.
1999 habe ich an der Physiotherapie Akademie Tübingen meine Ausbildung mit dem Schwerpunkt Schmerztherapie abgeschlossen (Note: sehr gut).

Meinem beigefügten Lebenslauf können Sie entnehmen, dass mich eine hohe Weiterbildungsbereitschaft auszeichnet. Mit der Software PraxWin bin ich bereits gut vertraut.
Ich stehe Ihnen gerne für Fragen auch vorab telefonisch jederzeit zur Verfügung und grüße Sie

Jan Wagner
Physiotherapeut
• Jan Wagner • Charlottenstraße 23 • 72070 Tübingen
• Tel.: 07071 245876 • E-Mail: JanWagner@web.de

Jan Wagner Lebenslauf

Jan Wagner / E-Mails (Kommentar Seite 87)

Variante 3

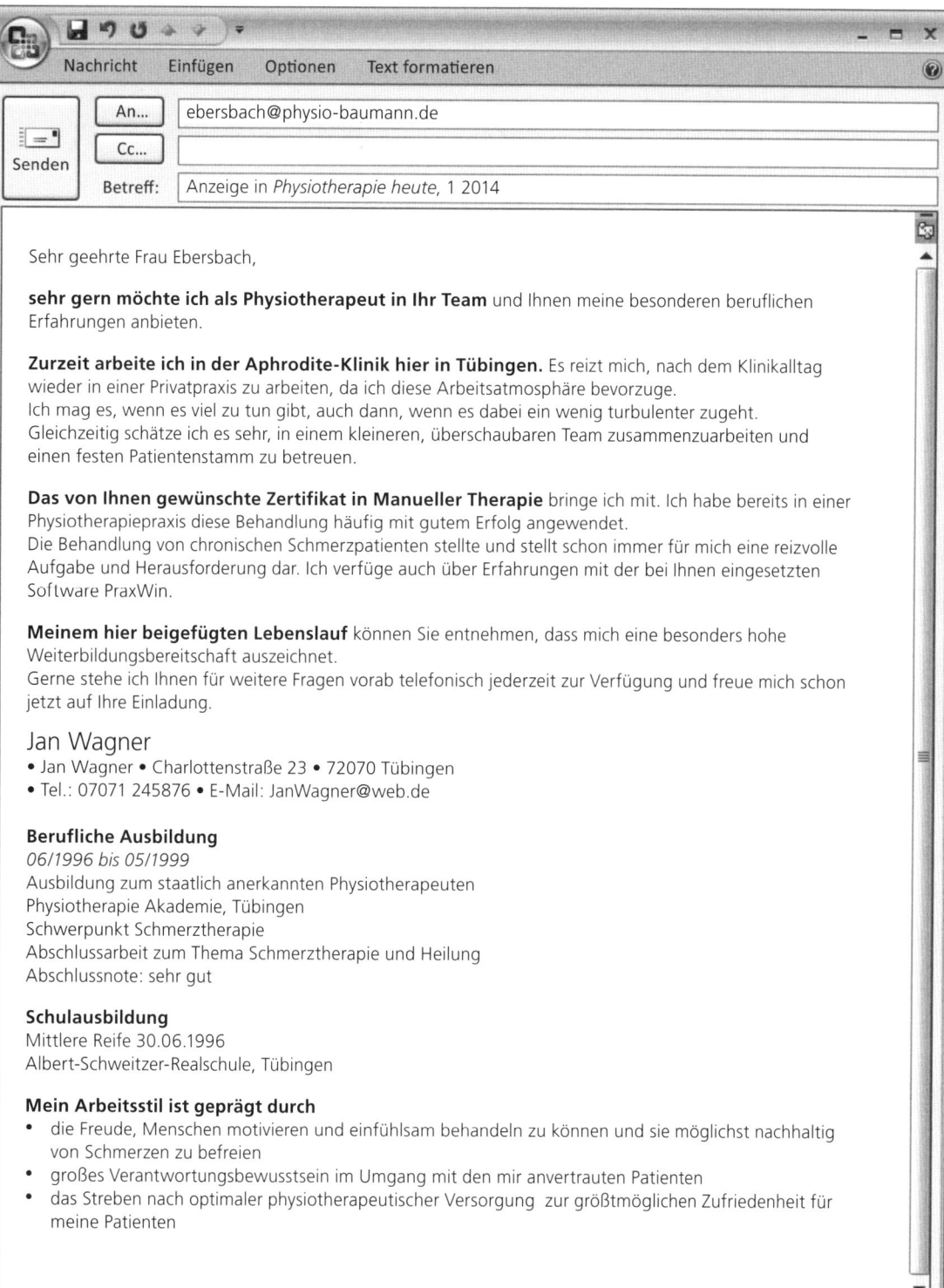

Nachricht   Einfügen   Optionen   Text formatieren

An...   ebersbach@physio-baumann.de

Cc...

Betreff: Anzeige in *Physiotherapie heute*, 1 2014

Sehr geehrte Frau Ebersbach,

sehr gern möchte ich als Physiotherapeut in Ihr Team und Ihnen meine besonderen beruflichen Erfahrungen anbieten.

Zurzeit arbeite ich in der Aphrodite-Klinik hier in Tübingen. Es reizt mich, nach dem Klinikalltag wieder in einer Privatpraxis zu arbeiten, da ich diese Arbeitsatmosphäre bevorzuge.
Ich mag es, wenn es viel zu tun gibt, auch dann, wenn es dabei ein wenig turbulenter zugeht.
Gleichzeitig schätze ich es sehr, in einem kleineren, überschaubaren Team zusammenzuarbeiten und einen festen Patientenstamm zu betreuen.

Das von Ihnen gewünschte Zertifikat in Manueller Therapie bringe ich mit. Ich habe bereits in einer Physiotherapiepraxis diese Behandlung häufig mit gutem Erfolg angewendet.
Die Behandlung von chronischen Schmerzpatienten stellte und stellt schon immer für mich eine reizvolle Aufgabe und Herausforderung dar. Ich verfüge auch über Erfahrungen mit der bei Ihnen eingesetzten Software PraxWin.

Meinem hier beigefügten Lebenslauf können Sie entnehmen, dass mich eine besonders hohe Weiterbildungsbereitschaft auszeichnet.
Gerne stehe ich Ihnen für weitere Fragen vorab telefonisch jederzeit zur Verfügung und freue mich schon jetzt auf Ihre Einladung.

Jan Wagner
• Jan Wagner • Charlottenstraße 23 • 72070 Tübingen
• Tel.: 07071 245876 • E-Mail: JanWagner@web.de

Berufliche Ausbildung
06/1996 bis 05/1999
Ausbildung zum staatlich anerkannten Physiotherapeuten
Physiotherapie Akademie, Tübingen
Schwerpunkt Schmerztherapie
Abschlussarbeit zum Thema Schmerztherapie und Heilung
Abschlussnote: sehr gut

Schulausbildung
Mittlere Reife 30.06.1996
Albert-Schweitzer-Realschule, Tübingen

Mein Arbeitsstil ist geprägt durch
• die Freude, Menschen motivieren und einfühlsam behandeln zu können und sie möglichst nachhaltig von Schmerzen zu befreien
• großes Verantwortungsbewusstsein im Umgang mit den mir anvertrauten Patienten
• das Streben nach optimaler physiotherapeutischer Versorgung zur größtmöglichen Zufriedenheit für meine Patienten

Jan Wagner / E-Mails (Kommentar Seite 87)

Jan Wagner ▪ Charlottenstraße 23 ▪ 72070 Tübingen ▪ 07071 245876 ▪ JanWagner@web.de

Physiotherapeutische Praxis
am Augustapark
Frau Ebersbach
Storlachstraße 24
72760 Reutlingen

Tübingen, 23.02.2014

Stellenanzeige *Physiotherapie heute*, Heft 1, 2014

Sehr geehrte Damen und Herren!

Sehr gern möchte ich Ihr Team unterstützen. Ich arbeite zur Zeit als Physiotherapeut in der Aphrodite-Klinik. Es reizt mich, nach dem Klinikalltag wieder in einer Praxis zu arbeiten und ich mag es, wenn es viel zu tun gibt, auch dann, wenn es richtig schön turbulent zugeht. Gleichzeitig schätze ich es, in einem kleineren, überschaubaren Team zusammenzuarbeiten und meinen eigenen festen Patientenstamm zu betreuen.

Gerade die Behandlung von schwerst chronischen Schmerzpatienten stellt für mich eine reizvolle Aufgabe und Herausforderung dar. Die Schmerzphysiotherapie nach dem Neuro-Medizin-Konzept ist mir leider nur durch einen Fachartikel ein Begriff. Ich würde sie sehr gern erlernen genauso wie die Cranio-Sacral-Therapie, die ich über Kollegen bereits kenne.
Mit der bei Ihnen eingesetzten Software PraxWin, die ich schon vor Jahren im Gesundheitszentrum Mühlenbeck in Tübingen benutzt habe, bin ich bereits bestens vertraut.
Ich würde mich wirklich sehr freuen, wenn Sie mich einladen würden.

Mit freundlichen Grüßen

Jan Wagner

Jan Wagner / Anschreiben / Schlechte Version (Kommentar Seite 87)

Lebenslauf

Name: Wagner, Jan
Geburtsdatum: 15.01.1980
Geburtsort: Nagold
Familienstand: verheiratet, ein Sohn

Berufspraxis

Seit 07/2007 Aphrodite-Klinik, Tübingen
Betreuung von Klinik Patienten - zur Rehabilitation

01/2007 bis 06/2007 Berufliche Neuorientierungsphase und Praktikum
an der Aphrodite-Klinik, Tübingen

04/2002 bis 12/2005 Praxis für Physiotherapie Schneider, Tübingen
Patientenbetreuung in der Praxis, im Seniorenheim und in einer Behindertenwerkstatt

06/1999 bis 03/2002 Gesundheitszentrum Mühlenbeck, Tübingen

Berufliche Fortbildungen

04.2011 Dorn-Methode – die sanfte Hilfe für den Rücken
Filbinger Akademie für Physiotherapeuten, Tübingen

03.2007 Rückenschullehrerlizenz
Deutscher Verband für Physiotherapie, Landesverband Baden-Württemberg, Reutlingen

08/2005 bis 10/2005 Bobath-Zertifikatskurs
Deutscher Verband für Physiotherapie, Landesverband Baden-Württemberg, Reutlingen

04/2003 bis 06/2003 Zusatzqualifikation Manuelle Lymphdrainage
Schöller Akademie, Tübingen

01/2000 bis 01/2002 Zusatzqualifikation Manuelle Therapie
Schöller Akademie, Tübingen

10.1999 Schulter – komplexes therapeutisches Beschwerdebild
Physiotherapeutenschule am Neubiberg, Tübingen

Berufliche Ausbildung

06/1996 bis 05/1999
Ausbildung zum staatlich anerkannten Physiotherapeuten
Physiotherapie Akademie, Tübingen
Abschlussnote: sehr gut

Schulausbildung

30.06.1996 Mittlere Reife
Albert-Schweitzer-Realschule, Tübingen

Tübingen, 23.02.2014

J. Wagner

Jan Wagner / Lebenslauf / Schlechte Version (Kommentar Seite 87)

Physiotherapeutische Praxis
am Augustapark
Frau Ebersbach
Storlachstraße 24
72760 Reutlingen

Tübingen, 23.02.2014

Ihre Stellenanzeige in der Zeitschrift *Physiotherapie heute*, Heft 1, 2014

Sehr geehrte Frau Ebersbach,

vielen Dank für das gestrige freundliche und informative Gespräch.

Mir haben die offene und gute Gesprächsatmosphäre sowie Ihre Ausführungen über Ihre Praxis außerordentlich gefallen. Sehr gern möchte ich als Physiotherapeut Ihr Team unterstützen und meine besonderen beruflichen Erfahrungen einbringen.

Zurzeit arbeite ich als Physiotherapeut in der Aphrodite-Klinik.

Es reizt mich sehr, nach dem Klinikalltag wieder in einer Praxis für Physiotherapie zu arbeiten, da ich diese Arbeitsatmosphäre bevorzuge. Ich mag es, wenn es viel zu tun gibt, auch dann, wenn es ein wenig turbulenter zugeht. Gleichzeitig schätze ich es sehr, in einem kleineren, überschaubaren Team zusammenzuarbeiten und einen festen Patientenstamm zu betreuen.

Das von Ihnen gewünschte Zertifikat in Manueller Therapie bringe ich mit.

Ich habe bei meiner Anstellung in einer Physiotherapiepraxis diese Behandlung bereits häufig angewendet und stets gute Ergebnisse erzielt.

Gerade auch die Behandlung von chronischen Schmerzpatienten stellte und stellt schon immer für mich eine besonders reizvolle Aufgabe und Herausforderung dar.

Die Schmerzphysiotherapie nach dem Neuro-Medizin-Konzept ist mir zwar leider nur durch einen Fachartikel von Norbert Müller ein Begriff. Ich würde sie aber sehr gern erlernen genauso wie die Cranio-Sacral-Therapie, die ich über Kollegen bereits kennengelernt habe.

Wie Sie meinem Lebenslauf entnehmen können, zeichne ich mich durch eine sehr hohe Lern- und Weiterbildungsbereitschaft aus. Mit der bei Ihnen eingesetzten Software PraxWin, die ich während meiner Zeit im Gesundheitszentrum Mühlenbeck in Tübingen benutzt habe, bin ich bereits bestens vertraut.

Ich freue mich auf Ihre Einladung.

Mit freundlichen Grüßen

Jan Wagner

Anlagen

Jan Wagner ▪ Charlottenstraße 23 ▪ 72070 Tübingen ▪ Tel.: 07071 245876 ▪ E-Mail: JanWagner@web.de

Jan Wagner / Anschreiben / Verbesserte Version (Kommentar Seite 87)

Jan Wagner
Charlottenstraße 23
72070 Tübingen

Tel.: 07071 245876
E-Mail: JanWagner@web.de

Bewerbung als
Physiotherapeut bei der

PHYSIOTHERAPEUTISCHEN
PRAXIS AM AUGUSTAPARK

Jan Wagner / Deckblatt / Verbesserte Version (Kommentar Seite 87)

Jan Wagner, geboren am 15.01.1980 in Nagold
Verheiratet, ein Sohn, 9 Jahre alt

LEBENSLAUF

Berufspraxis

Seit 07 / 2007
Aphrodite-Klinik, Tübingen

Betreuung von Klinik-Patienten und -Patientinnen zur Rehabilitation

Schwerpunkte: Orthopädie, Neurologie, Gynäkologie, Urologie, Schmerzpatienten

Behandlungsmethoden: Physiotherapie, Bewegungstherapie,
Manuelle Therapie, Manuelle Lymphdrainage, Bobath,
Rückenschulung, Dorn-Methode, Elektrotherapie,
Beckenbodentraining

01/2007 bis 06/2007
Berufliche Neuorientierungsphase und Praktikum an der Aphrodite-Klinik, Tübingen

01/2006 bis 12/2006
Weltreise mit meiner Frau und unserem Sohn

04/2002 bis 12/2005
Praxis für Physiotherapie Schneider, Tübingen

Patientenbetreuung in der Praxis im Seniorenheim und in einer Behindertenwerkstatt

Schwerpunkte: Orthopädie und Neurologie

Behandlungsmethoden: Physiotherapie, Bewegungstherapie, Manuelle Therapie, Manuelle Lymphdrainage, Massagetherapie, Elektrotherapie, Entspannungstechniken

06/1999 bis 03/2002
Gesundheitszentrum Mühlenbeck, Tübingen

Betreuung von Patienten in der Praxis zur Prävention und Rehabilitation

Schwerpunkt: Orthopädie

Behandlungsmethoden: Physiotherapie, Bewegungstherapie, Massagetherapie, Elektrotherapie, Entspannungstechniken

Berufliche Fortbildungen

04.2011
Dorn-Methode – die sanfte Hilfe für den Rücken
Filbinger Akademie für Physiotherapeuten, Tübingen

09.2009
Hallux Valgus – Akrodynamische Therapie
Physiotherapeutenschule am Neubiberg, Tübingen

01.2008
Yoga für den Rücken
Filbinger Akademie für Physiotherapeuten, Tübingen

03.2007
Rückenschullehrerlizenz
Deutscher Verband für Physiotherapie, Landesverband Baden-Württemberg, Reutlingen

08/2005 bis 10/2005
Bobath-Zertifikatskurs
Deutscher Verband für Physiotherapie, Landesverband Baden-Württemberg, Reutlingen

04/2003 bis 06/2003
Zusatzqualifikation Manuelle Lymphdrainage
Schöller Akademie, Tübingen

01/2000 bis 01/2002
Zusatzqualifikation Manuelle Therapie
Schöller Akademie, Tübingen

10.1999
Schulter – komplexes therapeutisches Beschwerdebild
Physiotherapeutenschule am Neubiberg, Tübingen

Berufliche Ausbildung

06/1996 bis 05/1999
Ausbildung zum staatlich anerkannten Physiotherapeuten
Physiotherapie Akademie, Tübingen
Schwerpunkt Schmerztherapie
Abschlussarbeit zum Thema Schmerztherapie und Heilung
Abschlussnote: sehr gut

Schulausbildung

30.06.1996
Mittlere Reife
Albert-Schweitzer-Realschule, Tübingen

Sonstige Kenntnisse

EDV-Kenntnisse:
Fundierte Kenntnisse in der Terminplanungs- und Abrechnungs-Software „Adebas",
„PraxWin" und „Theorg"
Sehr gute Kenntnisse in der Internetrecherche

Führerschein Klasse B

Freizeitinteressen

Tai Chi, Nordic Walking, Angeln

Tübingen, 23.02.2014   *Jan Wagner*

Mein Arbeitsstil ist geprägt durch

- die Freude, Menschen motivieren und einfühlsam behandeln zu können und sie
  möglichst weitestgehend und nachhaltig von Schmerzen zu befreien
- großes Verantwortungsbewusstsein im Umgang mit den mir anvertrauten Patienten
- das Streben nach optimaler physiotherapeutischer Versorgung zur größtmöglichen
  Zufriedenheit für meine Patienten

Jan Wagner ▪ Charlottenstraße 23 ▪ 72070 Tübingen ▪ Tel.: 07071 245876 ▪ E-Mail: JanWagner@web.de

Jan Wagner / Lebenslauf / Verbesserte Version (Kommentar Seite 87)

Kommentar zur Mail-Variante 1 (S. 78)

Insgesamt: Sehr schöne Form und guter Inhalt. Angenehm sparsam in den Fettungen. Absolut informativ bei wirklich wenigen Zeilen.

Betreffzeile: Unspektakulär, klassisch, aber vollkommen ausreichend.

Anrede: Namentlich und damit schon mal gut.

Start: Guter, gelungener Einstieg, überhaupt nicht floskelhaft!

Erstes Drittel: Die Mail ist so kurz und prägnant, dass man von drei Dritteln nicht sprechen kann.

Inhaltlich: Absolut ausreichend, macht neugierig auf mehr.

Abschluss: Vollkommen ausreichend, gut getextet und sehr schöne Unterschrift, wenn auch nicht »echt« – besser wäre natürlich, die Unterschrift einzuscannen.

Abbinder: Name, Adresse, leider fehlt die Berufsbezeichnung.

Hinweis zum Anhang: Der Anhang enthält Anschreiben und Lebenslauf.

Kommentar zur Mail-Variante 2 (S. 78)

Insgesamt: Etwas länger, schöne Form, guter Inhalt, interessante Gestaltung mit sparsamen Fettungen und wenigen Unterstreichungen. Sehr informativ!

Betreffzeile: Wieder unspektakulär, ganz klassisch!

Anrede: Namentlich und damit schon mal gut!

Start: Gelungener Einstieg, nicht floskelhaft!

Erstes Drittel: Ist gut getextet.

Inhaltlich: Macht neugierig auf mehr.

Abschluss: Gut getextet und sehr schöne Unterschrift, wenn auch nicht echt …

Abbinder: Name, Adresse, Berufsbezeichnung – alles vorhanden!

Hinweis zum Anhang: Der Anhang enthält den Lebenslauf.

Kommentar zur Mail-Variante 3 (S. 79)

Insgesamt: Sehr schöne Gliederung, Form, Gestaltung, Inhalt und Botschaften sehr gut gelungen. Angehängte Daten des Werdeganges gut lesbar, alles sehr informativ, trotzdem kompakt!

Betreffzeile: Wieder unspektakulär, ganz klassisch, aber doch ausreichend.

Anrede: Namentlich und damit schon mal gut.

Start: Sehr schön gelungener Einstieg!

Erstes Drittel: Wirklich gut getextet!

Inhaltlich: Alles prima, macht neugierig!

Abschluss: Gut getextet, interessante Botschaften ganz am Ende, und wieder: Besser als die »falsche« Unterschrift wäre eine eingescannte Unterschrift.

Abbinder: Name, Adresse, fast alles vorhanden (bis auf die Berufsbezeichnung)! Interessante Abfolge: Der Abbinder steht nicht wie üblich zum Schluss.

Hinweis zum Anhang: Diese Form der Mail zur ersten Kontaktaufnahme benötigt keinen Anhang.

Kommentar zur schlechten Version der Bewerbungsunterlagen von Jan Wagner (S. 80 f.)

Wie schwach insbesondere das **Anschreiben** (wieder einmal nur »Sehr geehrte …«) und der einseitige **Lebenslauf** (ohne ordentliche Unterschrift!) sind, erschließt sich am besten, wenn man die zweite Version sorgfältig studiert. Auch das Foto erzielt nicht die gewünschte Wirkung, weil es viel zu klein und ohne Anschnitt ist. Aber wenden wir uns doch besser jetzt gleich der überarbeiteten Version zu.

Kommentar zur verbesserten Version der Bewerbungsunterlagen von Jan Wagner (S. 82 ff.)

Das **Anschreiben**, das alle notwendigen Angaben enthält, ist gut strukturiert. Die wichtigsten Sätze sind durch Fettschrift hervorgehoben. Für das Anschriftenfeld hat der Bewerber eine ungewöhnliche Stelle gewählt. Das entspricht nicht ganz der DIN-Norm, man darf aber auch mal aus dem Rahmen fallen – schließlich bewirbt sich dieser Kandidat nicht für einen Bürojob. In einer Fußzeile finden wir Namen und Adresse des Kandidaten. Wir sehen, dass der Bewerber mit der Arbeitgeberin vorab telefoniert hat, denn er lobt am Anfang des Anschreibens geschickt die offene und gute Gesprächsatmosphäre. Ein sympathischer Auftakt! Danach stellt er sich vor und schildert seine Motive für die Bewerbung. Das **Deckblatt** ist ästhetisch gestaltet, enthält Namen und Adresse des Kandidaten und zeigt ein sympathisches Foto. Der Lebenslauf beginnt rechts oben mit den persönlichen Daten. Wie beim Anschreiben zeigt auf diesen drei Seiten die Fußzeile Namen und Adresse des Bewerbers. Insgesamt ist der einspaltige **Lebenslauf** sehr klar und übersichtlich gegliedert. Der Leser bekommt zuerst einen guten Überblick über die Berufspraxis. Hier erhält er Informationen über die Art der Patienten, mit denen der Kandidat gearbeitet hat, über die fachlichen Schwerpunkte sowie die Behandlungsmethoden. Außerdem sehen wir anhand der beruflichen Fortbildungen, dass Herr Wagner eine hohe Lernbereitschaft aufweist. Seine EDV-Kenntnisse gibt er mit der Einstufung des Niveaus an. Sehr gut! Seine Freizeitinteressen lassen darauf schließen, dass er sportlich, gelassen und geduldig ist. Nach dem Lebenslauf folgt ein überzeugender **Abschluss:** Der Kandidat beschreibt stichwortartig seinen Arbeitsstil. Damit rundet er gekonnt sein Profil ab. Eine aussagekräftige Bewerbung mit einem sehr gut getexteten Anschreiben.

Bewerbung einer Kommunikationswirtin

Mail-Variante 1

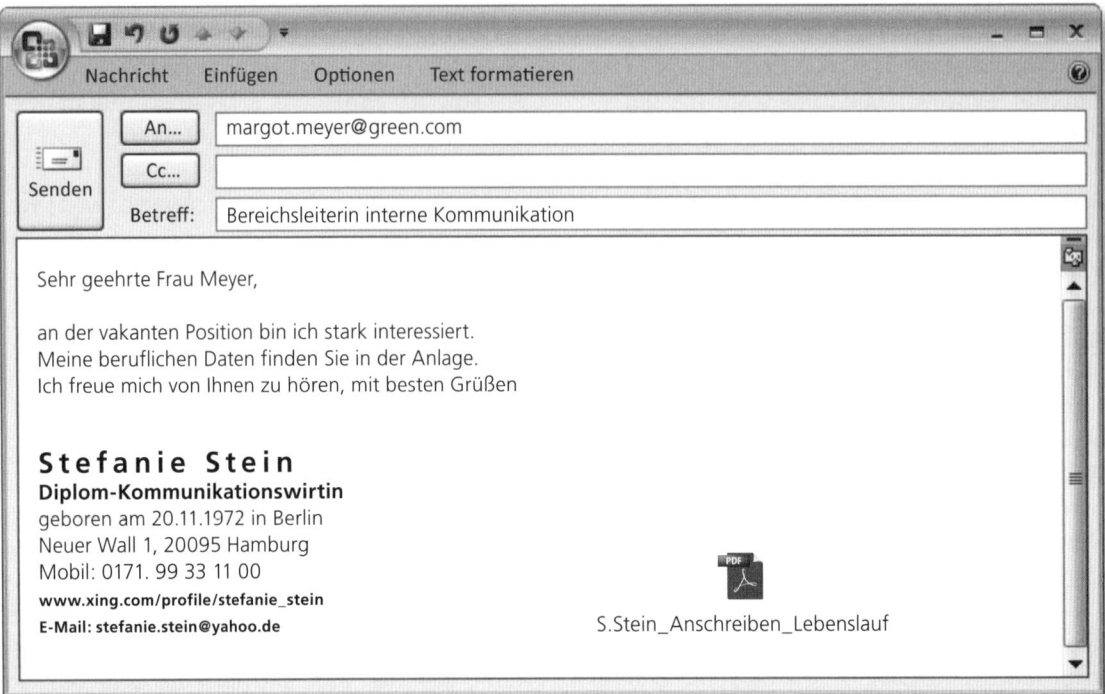

Mail-Variante 2

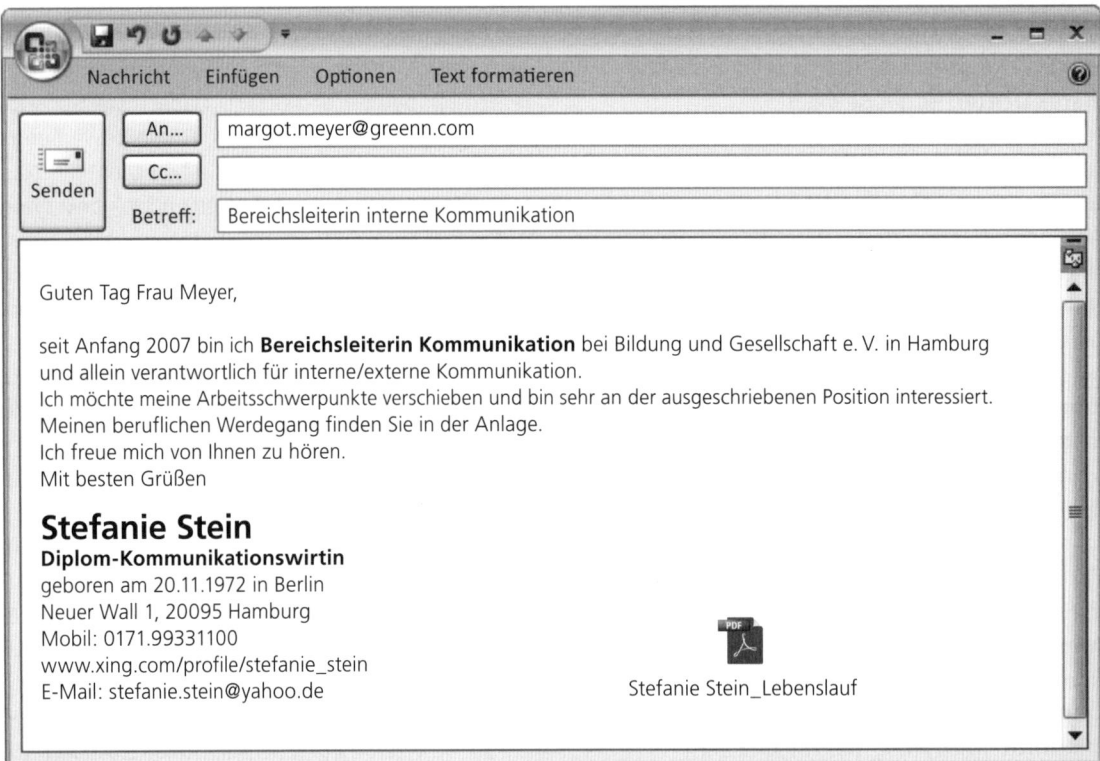

Mail-Variante 3

Nachricht   Einfügen   Optionen   Text formatieren

An... margot.meyer@green.com

Cc...

Senden

Betreff: Bereichsleiterin interne Kommunikation

Sehr geehrte Frau Meyer,

ich stelle mich Ihnen für die vakante Position in Ihrem Haus vor und biete Ihnen gerne an, Ihnen alle weiteren Unterlagen und Dokumente, die über mich Auskunft geben, zuzusenden.
Hier ein kurzer Ausschnitt meiner Daten.

Mit besten Grüßen

Stefanie Stein

Dipl. Kommunikationswirtin
geboren am 20.11.1972 in Berlin

Seit 01/2007
Bereichsleiterin Kommunikation
bei Bildung und Gesellschaft e.V., Hamburg
Interne/externe Kommunikation (Texterin u. a.
Social Media, Projekt-Koordination mit Zeit.de)
PR-Strategien, Agenda Setting, Interviews, Vorträge
Redaktion der Artikel on- und offline
Redaktion von Veröffentlichungen
Koordination Medienpartner (z. B. Welt.de, Faz.net)
Kooperation TV + Hörfunk wie Deutschlandfunk

Hochschule/Schule 99 – 04 Studium
Gesellschafts- u. Wirtschaftskommunikation
Hochschule für Medien, Hamburg
Schwerpunkte: Text, Werbung/PR, Politik
Abschluss: Diplom-Kommunikationswirtin (1,2)

TV/Radio-Interviews zu Themen:
Weiterbildung in Beruf und Karriere
z. B. n-tv, arte, NDR, Deutschlandfunk

Veröffentlichungen zu Themen:
Selbstmarketing und Medienkompetenz
z. B. welt.de, spiegel.de

Vorträge/Seminare zu Themen:
Medien- und Karrierestrategien
z. B. Freie Universität Berlin, SocMedia Hamburg,
GHF Hamburg, Media School Hamburg

Preise: Essay-Wettbewerb der FAZ, 2010
Thema: Das Medium Internet in Deutschland
Mitgliedschaft: Deutscher Journalisten Verband
Landesverband Hamburg
Referenzkontakte:
GF Siegmar Sternberg, Bildung und Gesellschaft e.V.,
Prof. Dr. Müller, Hochschule für Medien,
beide in Hamburg

Stefanie Stein
Diplom-Kommunikationswirtin
geboren am 20.11.1972 in Berlin
Neuer Wall 1, 20095 Hamburg
Mobil: 0171. 99 33 11 00
www.xing.com/profile/stefanie_stein
E-Mail: stefanie.stein@yahoo.de

Stefanie Stein / E-Mails (Kommentar Seite 97)

Lebenslauf

Stefanie Stein
Geboren am 20.11.1972 in Berlin
Anschrift: Neuer Wall 1, 20095 Hamburg
Telefon Mobil: 0171.99331100
E-Mail: stefanie.stein@yahoo.de
Aktuelle Position:
Bereichsleiterin Kommunikation
Bildung und Gesellschaft e.V., Hamburg

Schule und Ausbildung

1979 - 1992	Grund- und Oberschule Abschluss **Abitur** Werner von Siemens Gymnasium
04/1993 – 10/1995	Studium **Rechtswissenschaften**
04/1999 – 11/2004	Studium **Gesellschafts- und Wirtschaftskommunikation** Hochschule für Medien, Hamburg Schwerpunkte: Text, Werbung/PR, Politik Abschluss: Diplom-Kommunikationswirtin (Note: 1,2) Freie Universität Berlin
04/2002 – 09/2002	1 Semester an der Università degli Studi di Bologna, in Bologna, Italien studiert
04/2001– 09/2004	**Tutorin** für Politik bei Prof. Dr. Müller, Hochschule für Medien, Hamburg

Erste Berufspraxis

06/1995 – 04/1999	**Mitarbeiterin für PR/Marketing** Tel & Tol, Berlin – Eventkonzeption und Marketing – Messemoderation – Koordination mit Eventagenturen
12/1999 – 10/2002	**Pressereferentin** Abgeordnetenbüro Meyer, MdHB, Hamburg – Interne-/externe Kommunikation – Vorbereitung von Veranstaltungen, z. B. im Wahlkreis – Ausbau der Pressekontakte
01/2003 – 11/2003	**Assistentin der Kommunikationsabteilung** Kulturradio Deutschland – Planung einer Kommunikationskampagne – Dokumentation und Präsentation des Konzepts
12/2004 – 12/2005	**Kommunikationsberaterin** Polkom Verlag, Berlin/Hamburg – Projekt-Konzeption und Redaktion – Interviews u. a. mit Angela Merkel, Guido Westerwelle – polkom-publishing.com

Stefanie Stein / Lebenslauf / Schlechte Version (Kommentar Seite 97)

01/2006 – 12 /2006   **PR-Volontariat**
Stone Waters Ziegler Communication, Hamburg

Aktuelle Position

Seit 01/2007   **Bereichsleiterin Kommunikation**
Bildung und Gesellschaft e. V., Hamburg
- Interne/externe Kommunikation (Texterin u. a. Social Media, Projekt-Koordination mit Zeit.de »Zeitzeichen«)
- PR-Strategien, Agenda Setting, Interviews, Vorträge
- Redaktion der Artikel on- und offline
- Redaktion von Veröffentlichungen
- Koordination Medienpartner (z. B. Welt.de, Faz.net)
- Kooperation TV + Hörfunk wie Deutschlandfunk
- Pressekonferenzen, Pressemitteilungen, PR-Instrumente
- Themenplatzierung, Pressebetreuung, PR-Strategien
- Kommunikationskonzepte, PR-Kampagne, Redaktion

Veröffentlichungen

Themen: Selbstmarketing und Medienkompetenz
z. B. welt.de, spiegel.de

Fremdsprachen

Englisch   sehr gut in Wort und Schrift
Italienisch   sehr gut in Wort und Schrift
Französisch   gut in Wort und Schrift

Hobbys

Segeln, Städtereisen, Musik hören, Zeitgeschichte, Politik

Hamburg, im Februar 2014

Stefanie Stein

Stefanie Stein / Lebenslauf / Schlechte Version (Kommentar Seite 97)

Stefanie Stein

Stefanie Stein
Diplom-Kommunikationswirtin

Geburtstag: 20.11.1972
Geburtsort: Berlin

Adresse: Neuer Wall 1, 20095 Hamburg
Mobil: 0171.99331100
www.xing.com/profile/Stefanie_Stein
E-Mail: Stefanie.Stein@yahoo.de

Stefanie Stein / Deckblatt / Verbesserte Version (Kommentar Seite 97)

Berufspraxis

Seit 01 / 2007 **Bereichsleiterin Kommunikation**
Bildung und Gesellschaft e. V., Hamburg
◆ Interne / externe Kommunikation (Texterin u. a. Social
  Media, Projekt-Koordination mit Zeit.de »Zeitzeichen«)
◆ PR-Strategien, Agenda Setting, Interviews, Vorträge
◆ Redaktion der Artikel on- und offline
◆ Redaktion von Veröffentlichungen
◆ Koordination Medienpartner (z. B. Welt.de, Faz.net)
◆ Kooperation TV + Hörfunk wie Deutschlandfunk

01 / 2006 – 12 / 2006 **PR-Referentin**
Stone Waters Ziegler Communication, Hamburg
◆ Pressekonferenzen, Pressemitteilungen, PR-Instrumente
◆ Themenplatzierung, Pressebetreuung, PR-Strategien
◆ Kommunikationskonzepte, PR-Kampagne, Redaktion

12 / 2004 – 12 / 2005 **Kommunikationsberaterin**
Polkom Verlag, Berlin / Hamburg
◆ Projekt-Konzeption und Redaktion
◆ Interviews u. a. mit Angela Merkel, Guido Westerwelle
◆ polkom-publishing.com

01 / 2003 – 11 / 2003 **Assistentin der Kommunikationsabteilung**
Kulturradio Deutschland, Hamburg
◆ Planung einer Kommunikationskampagne
◆ Dokumentation und Präsentation des Konzepts

12 / 1999 – 04 / 2002 **Pressereferentin**
Abgeordnetenbüro Meyer, MdHB, Hamburg
◆ Interne- / externe Kommunikation
◆ Vorbereitung von Veranstaltungen, z. B. im Wahlkreis
◆ Ausbau der Pressekontakte

06 / 1995 – 04 / 1999 **Mitarbeiterin für PR / Marketing**
Tel & Tol, Berlin
◆ Eventkonzeption und Marketing
◆ Messemoderation
◆ Koordination mit Eventagenturen

Stefanie Stein / Lebenslauf / Verbesserte Version (Kommentar Seite 97)

Projektarbeiten (Auswahl)

08 / 2010 – 11 / 2011

Redakteurin
Meta Construkto, Hamburg
Texte zum Thema Medien und Gesellschaft
meta-construkto.de

10 / 2005 – 12 / 2005

Wissenschaftliche Projektmitarbeiterin
Hochschule für Medien, Hamburg
Qualitative Forschung (Durchführung und Auswertung
von Interviews): Mediennutzungsverhalten Jugendlicher
Auftraggeber: Deutsche Kulturstiftung, Berlin

2001

Presse + Organisation
Hamburger Werbekongress: »Gesellschaft im Wandel«
Akquise von Sponsoren, Agenturen, Medienpartnern
Pressesprecher und Moderation der Themenrunden

Hochschule / Schule

04 / 1999 – 11 / 2004

Studium Gesellschafts- und Wirtschaftskommunikation
Hochschule für Medien, Hamburg
Schwerpunkte: Text, Werbung / PR, Politik
Abschluss: Diplom-Kommunikationswirtin (Note: 1,2)

04 / 2001 – 09 / 2004

Tutorin für Politik bei Prof. Dr. Müller, Hochschule für Medien,
Hamburg
◆ Vorbereitung / Durchführung von Lehrveranstaltungen im
Grundstudium
◆ Korrektur von Klausuren im Grundstudium

04 / 2002 – 09 / 2002

Studium **Kommunikationswissenschaft**
Università degli Studi di Bologna, Bologna

04 / 1993 – 10 / 1995

Studium **Rechtswissenschaften**
Freie Universität Berlin

1992

Allgemeine Hochschulreife
Werner von Siemens Gymnasium
Gesamtnote: 1,4

Stefanie Stein / Lebenslauf / Verbesserte Version (Kommentar Seite 97)

Digital

MS-Office	sehr gute Kenntnisse
Photoshop	sehr gute Kenntnisse
HTML / Web 2.0	gute Kenntnisse
InDesign	gute Kenntnisse
Moodle	Grundkenntnisse

Fremdsprachen

Englisch	sehr gut in Wort und Schrift
Spanisch	sehr gut in Wort und Schrift
Französisch	gut in Wort und Schrift

Soziales Engagement

2006 – 2009	Unterstützung der Projektleitung generation-trainee.de

Besondere Fähigkeiten

TV / Radio-Interviews	Themen: Weiterbildung in Beruf und Karriere z. B. n-tv, arte, NDR, Deutschlandfunk
Veröffentlichungen	Themen: Selbstmarketing und Medienkompetenz z. B. welt.de, spiegel.de
Vorträge / Seminare	Themen: Medien- und Karrierestrategien z. B. Freie Universität Berlin, SocMedia Hamburg, GHF Hamburg, Media School Hamburg
Preis	Essay-Wettbewerb der FAZ, 2010 Thema: Das Medium Internet in Deutschland

Stefanie Stein / Lebenslauf / Verbesserte Version (Kommentar Seite 97)

Interessen

Segeln, Städtereisen, Zeitgeschichte

Mitgliedschaft

Deutscher Journalisten Verband, Landesverband Hamburg

Referenzkontakte

Siegmar Sternberg, Geschäftsführer Bildung und Gesellschaft e. V.,
Hamburg, Tel. 040 25432-101
Prof. Dr. Müller, Hochschule für Medien, Hamburg

Hamburg, 24. Februar 2014   *Stefanie Stein*

Stefanie Stein / Lebenslauf / Verbesserte Version (Kommentar Seite 97)

Kommentar zur Mail-Variante 1 (S. 88)

Insgesamt: Eine sehr kurze, schnell auf den Punkt kommende Anmoderation, leider ohne Bezug auf ein zuvor geführtes Telefonat. Fettungen findet man nur im Abbinder, der wegen seiner besonderen Gestaltung positiv auffällt. Das Ganze kommt sogar ohne Unterschrift aus, mit eingescannter Unterschrift wäre es aber zweifelsohne schöner.

Betreffzeile: Prägnant und optisch gut inszeniert!

Anrede: Namentliche Ansprache ist vorhanden.

Start: Sehr direkter Einstieg ohne Floskeln.

Erstes Drittel: Zu kurz und prägnant, um in Drittel einzuteilen, insgesamt aber eine gelungene Komposition.

Inhaltlich: Ein guter Kurz-Begleittext für die Übersendung der Bewerbungsunterlagen.

Abschluss: Korrekt getextet, ungewöhnliche Grußformel, ohne maschinenschriftliche oder eingescannte Unterschrift, nicht schlecht, so geht es also auch!

Abbinder: Sehr schöne Gestaltung, alles vorhanden!

Hinweis zum Anhang: Im Anhang befinden sich die kompletten Bewerbungsunterlagen (Lebenslauf und Anschreiben, den Lebenslauf zeigen wir Ihnen als Vorher-Version auf S. 90 f. und als verbesserte Version auf S. 92 ff.).

Kommentar zur Mail-Variante 2 (S. 88)

Insgesamt: Eine immer noch kurze, schnell auf den Punkt kommende Anmoderation, die aber doch die Bewerberin interessant vorstellt. Leider hat die Bewerberin auch hier kein Telefonat vorab geführt. Es gibt nur eine Fettung im Abbinder, der wegen seiner grafischen Gestaltung deutlich auffällt. Das Ganze kommt wieder ohne Unterschrift aus, mit eingescannter wäre es aber zweifelsohne schöner! Dann bräuchte der Name auch nicht mehr ganz so groß herausgestellt werden!

Betreffzeile: Prägnant und optisch gut inszeniert!

Anrede: Namentliche Ansprache, aber »Guten Tag« trifft nicht jedermanns Geschmack!

Start: Gelungener Einstieg, Floskeln wurden vermieden.

Erstes Drittel: Nur insgesamt zu beurteilen, aber gelungen.

Inhaltlich: Ein guter Kurz-Begleittext für die Übersendung der Bewerbungsunterlagen.

Abschluss: Korrekt getextet, ohne getippte oder eingescannte Unterschrift, aber nicht schlecht!

Abbinder: Enthält alle wichtigen Infos, ist wegen der Namensgröße aber nicht ganz unproblematisch!

Hinweis zum Anhang: Im Anhang befindet sich der Lebenslauf (s. S. 92 ff.)

Kommentar zur Mail-Variante 3 (S. 89)

Insgesamt: Eine prägnante Anmoderation, die neugierig machen soll und als ersten Appetithappen eine Art Kurz-Profil anbietet, was die Bewerberin sehr interessant erscheinen lässt. Scheinbar ohne zuvor geführtes Telefonat, schade! Fettungen erscheinen nur im Abbinder, der wegen seiner grafischen Gestaltung deutlich positiv auffällt. Sehr gut: die eingescannte Unterschrift.

Betreffzeile: Prägnant und optisch gut inszeniert!

Anrede: Die namentliche Ansprache und Begrüßung sind angemessen.

Start: Ganz direkt, ohne Floskeln – das wirkt zielstrebig.

Erstes Drittel: Nur insgesamt zu beurteilen, aber ganz sicher gut gelungen.

Inhaltlich: Eine kurze Vorstellung mit dem Ziel, Interesse an der Einsendung der vollständigen Unterlagen zu wecken – wirklich gelungen!

Abschluss: Sehr minimalistisch getextet, ein freundlicher Satz zum Abschluss wäre zusätzlich angebracht.

Abbinder: Optisch und von den Informationen sehr gut gelöst!

Hinweis zum Anhang: Dieser ausführlicheren Mail zur ersten Kontaktaufnahme muss kein Anhang beigefügt werden, möglich wäre es aber.

Kommentar zur schlechten Version der Bewerbung von Stefanie Stein (S. 90 f.)

Wir verzichten hier auf das Anschreiben und konzentrieren uns nur auf die **Lebenslauf**-Präsentation. Der erste Blick fällt auf das unglückliche **Foto**-Format. Über dem Kopf der Kandidatin wäre Platz für einen »Heiligenschein« (vergleichen Sie das Bild mit dem Foto auf S. 92). Dann beginnt die Darstellung klassisch, aber langweilig, mit Stationen, die längst Geschichte sind und quält den Leser durch allererste Berufserfahrungen. Das steht stark im Kontrast zu dem ganz gut gelungenen Anfangsblock oben links, der immerhin die aktuelle Ausgangssituation gut auf den Punkt bringt: Bereichsleiterin Kommunikation! Keine schlechte Basis, die aber noch auf der ersten Lebenslaufseite völlig zunichte gemacht wird. Eine schlechte Arbeitsprobe, die auch noch durch einen furchtbaren Seitenumbruch – das PR-Volontariat kommt allein auf die zweite Lebenslaufseite vor die »Aktuelle Position« – getoppt wird.

Die zweite Seite wäre ansonsten ein ganz guter Start nach dem Anfangsblock gewesen bis zum Abschnitt Fremdsprachen. Bei den Veröffentlichungen hätten noch Jahreszahlen ergänzt werden können (je aktueller, desto besser). Leider sind hier zu viele Hobbys (5!) angegeben. Warum die Kandidatin am Ende Ort, Datum (auch nicht gut: im Februar, sieht nach Massenversand aus) und Unterschrift so weit rechts platziert, bleibt ein Rätsel. Nicht schön, aber wir lernen daraus!

Kommentar zur verbesserten Version der Bewerbung von Stefanie Stein (S. 92 ff.)

Auf den Abdruck eines ausführlichen Anschreibens für den Dateianhang haben wir an dieser Stelle verzichtet. Das **Deckblatt** ist ästhetisch gestaltet und besticht durch ein recht großes und äußerst sympathisches Foto. Ein richtiger »Hingucker«, dem es gelingt den Eindruck zu vermitteln, die Bewerberin würde den Leser direkt ansprechen. Schön ist auch die Unterschrift direkt unter dem Foto. Darunter werden in einem bündig gesetzten Textblock Name, Beruf, Kontaktdaten sowie das hinterlegte Profil bei XING aufgeführt. Auffällig ist hier der sehr große Namensschriftzug. Dies zeugt vom Selbstbewusstsein der Bewerberin. Der obere Rand des Deckblattes enthält eine interessante Kopfzeile mit drei schlichten Angaben: Curriculum Vitae, Name und Beruf der Kandidatin. Dies fügt sich gut in die Gestaltung des Deckblattes ein.

Der **Lebenslauf** fällt mit vier Seiten recht umfangreich aus. Dafür hat die Bewerbung keine sogenannte Dritte Seite, die ja nicht zwingend erforderlich ist. Alle Seiten haben die gleiche Kopfzeile wie das Deckblatt, was so eine Art »Corporate Identity« vermittelt. Zunächst werden wir auf der ersten Seite über die Berufspraxis informiert. In einer klaren und übersichtlichen Darstellung sind die zahlreichen Berufsstationen aufgezeigt. Diese wurden nach der amerikanischen Form gegliedert, also das Aktuellste zuerst. Die Funktionen der Bewerberin sind schnell erfasst, weil geschickt in Fettschrift gesetzt. Die Kandidatin gibt auch jeweils die wichtigsten Aufgaben bei jeder Station an. Sehr schön! Damit bekommen wir ein umfassendes Bild von ihrem beruflichen Können. Die zweite Seite des Lebenslaufes führt eine Auswahl der Projektarbeiten von Stefanie Stein sowie ihre Hochschul- und Schulbildung auf. Auf der Folgeseite werden u. a. die unterschiedlichsten Fähigkeiten, Kenntnisse und Hobbys präsentiert. Statt der üblichen Bezeichnung »EDV-Kenntnisse« wählt die Kandidatin den interessanten Begriff »Digital«. Die Kenntnisse in diesem Bereich sind mit Niveau angegeben. Gut gemacht! Ebenso positiv, dass sie ihr soziales Engagement erwähnt und eine Rubrik »Besondere Fähigkeiten« anführt, in der sie TV- und Radiointerviews, Veröffentlichungen, Vorträge und Seminare sowie Preisauszeichnungen anführt. Am Schluss werden Referenzkontakte benannt.

Mit dieser Seite hebt sich die Kandidatin eindeutig von der Masse der Bewerber ab und liefert ein ganz individuelles Profil. Am Schluss der Bewerbung gibt ein **Anlagenverzeichnis**, das wir aus Platzgründen hier nicht zeigen, eine Übersicht über die mitgelieferten Zeugnisse und Arbeitsproben. Fazit: eine gelungene Selbstpräsentation.

Bewerbung eines Diplom-Ingenieurs

Mail-Variante 1

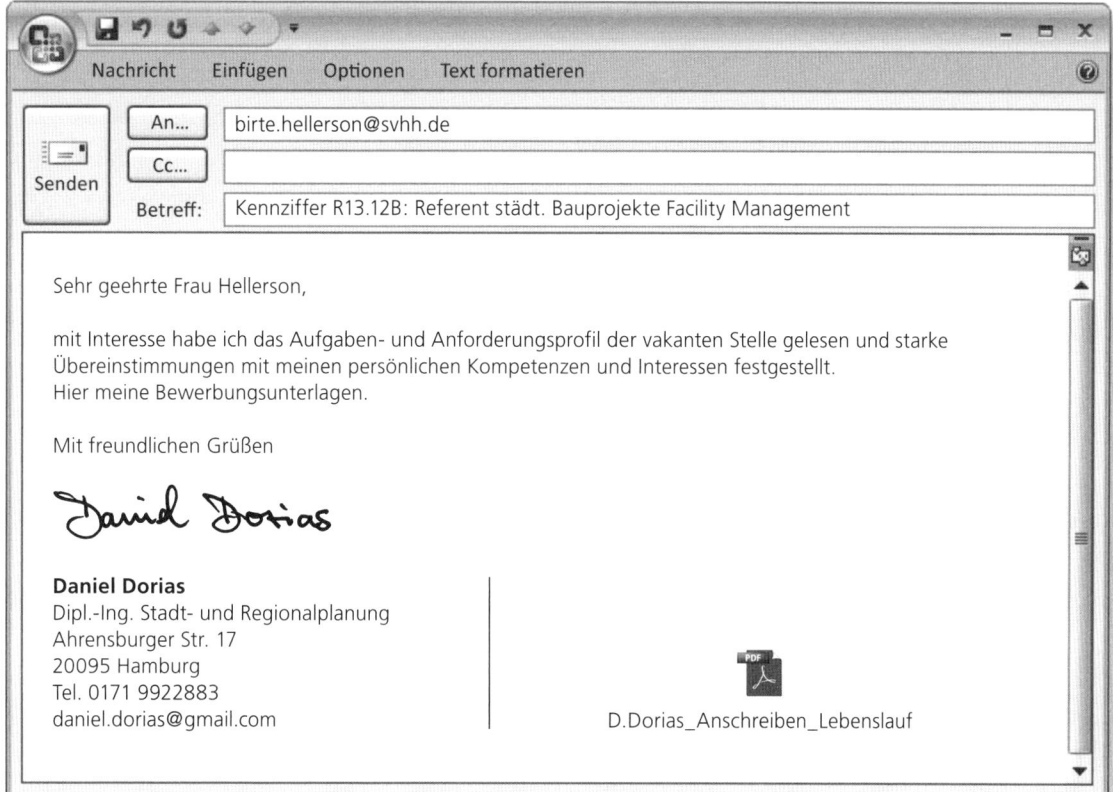

An... birte.hellerson@svhh.de

Cc...

Betreff: Kennziffer R13.12B: Referent städt. Bauprojekte Facility Management

Sehr geehrte Frau Hellerson,

mit Interesse habe ich das Aufgaben- und Anforderungsprofil der vakanten Stelle gelesen und starke Übereinstimmungen mit meinen persönlichen Kompetenzen und Interessen festgestellt.
Hier meine Bewerbungsunterlagen.

Mit freundlichen Grüßen

Daniel Dorias
Dipl.-Ing. Stadt- und Regionalplanung
Ahrensburger Str. 17
20095 Hamburg
Tel. 0171 9922883
daniel.dorias@gmail.com

D.Dorias_Anschreiben_Lebenslauf

Mail-Variante 2

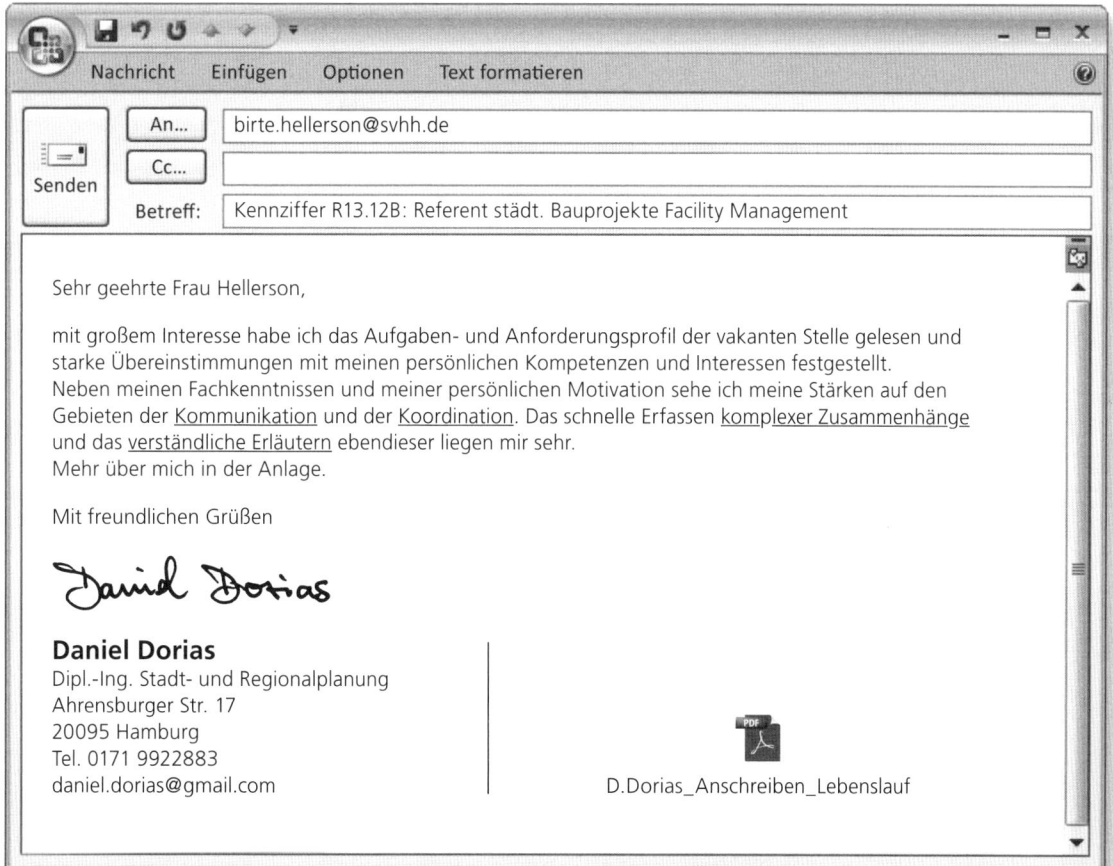

An... birte.hellerson@svhh.de

Cc...

Betreff: Kennziffer R13.12B: Referent städt. Bauprojekte Facility Management

Sehr geehrte Frau Hellerson,

mit großem Interesse habe ich das Aufgaben- und Anforderungsprofil der vakanten Stelle gelesen und starke Übereinstimmungen mit meinen persönlichen Kompetenzen und Interessen festgestellt.
Neben meinen Fachkenntnissen und meiner persönlichen Motivation sehe ich meine Stärken auf den Gebieten der Kommunikation und der Koordination. Das schnelle Erfassen komplexer Zusammenhänge und das verständliche Erläutern ebendieser liegen mir sehr.
Mehr über mich in der Anlage.

Mit freundlichen Grüßen

Daniel Dorias
Dipl.-Ing. Stadt- und Regionalplanung
Ahrensburger Str. 17
20095 Hamburg
Tel. 0171 9922883
daniel.dorias@gmail.com

D.Dorias_Anschreiben_Lebenslauf

Daniel Dorias / E-Mails (Kommentar Seite 107)

Mail-Variante 3

Nachricht   Einfügen   Optionen   Text formatieren

An... birte.hellerson@svhh.de

Cc...

Senden

Betreff: Kennziffer R13.12B: Referent städt. Bauprojekte Facility Management

Sehr geehrte Frau Hellerson,

mit großem Interesse habe ich das Aufgaben- und Anforderungsprofil der vakanten Stelle gelesen und starke Übereinstimmungen mit meinen persönlichen Kompetenzen und Interessen festgestellt.

Neben meinen Fachkenntnissen und meinem persönlichen Interesse sehe ich meine Stärken auf den Gebieten der **Kommunikation** und der **Koordination**. Das schnelle Erfassen komplexer Zusammenhänge und das verständliche Erläutern ebendieser liegen mir sehr.

Während meines Studiums arbeitete ich am Lehrstuhl für Städtebau an der Universität Hamburg sowie im Architekturbüro Müller & Jensen und konnte dort meine **teamorientierte** und **zielgerichtete Arbeitsweise** unter Beweis stellen.

Ich hoffe, meine Fähigkeiten in die spannenden und vielfältigen Aufgaben der Stadtverwaltung Hamburg einbringen zu können.

Über Ihre Einladung zu einem persönlichen Gespräch freue ich mich.

Mit freundlichen Grüßen

Daniel Dorias

PS: Mehr über mich in der Anlage ...

Daniel Dorias
Dipl.-Ing. Stadt- und Regionalplanung
Ahrensburger Str. 17
20095 Hamburg
Tel. 0171 9922883
daniel.dorias@gmail.com

Daniel_Dorias_Lebenslauf

Daniel Dorias / E-Mails (Kommentar Seite 107)

Mail-Variante 4

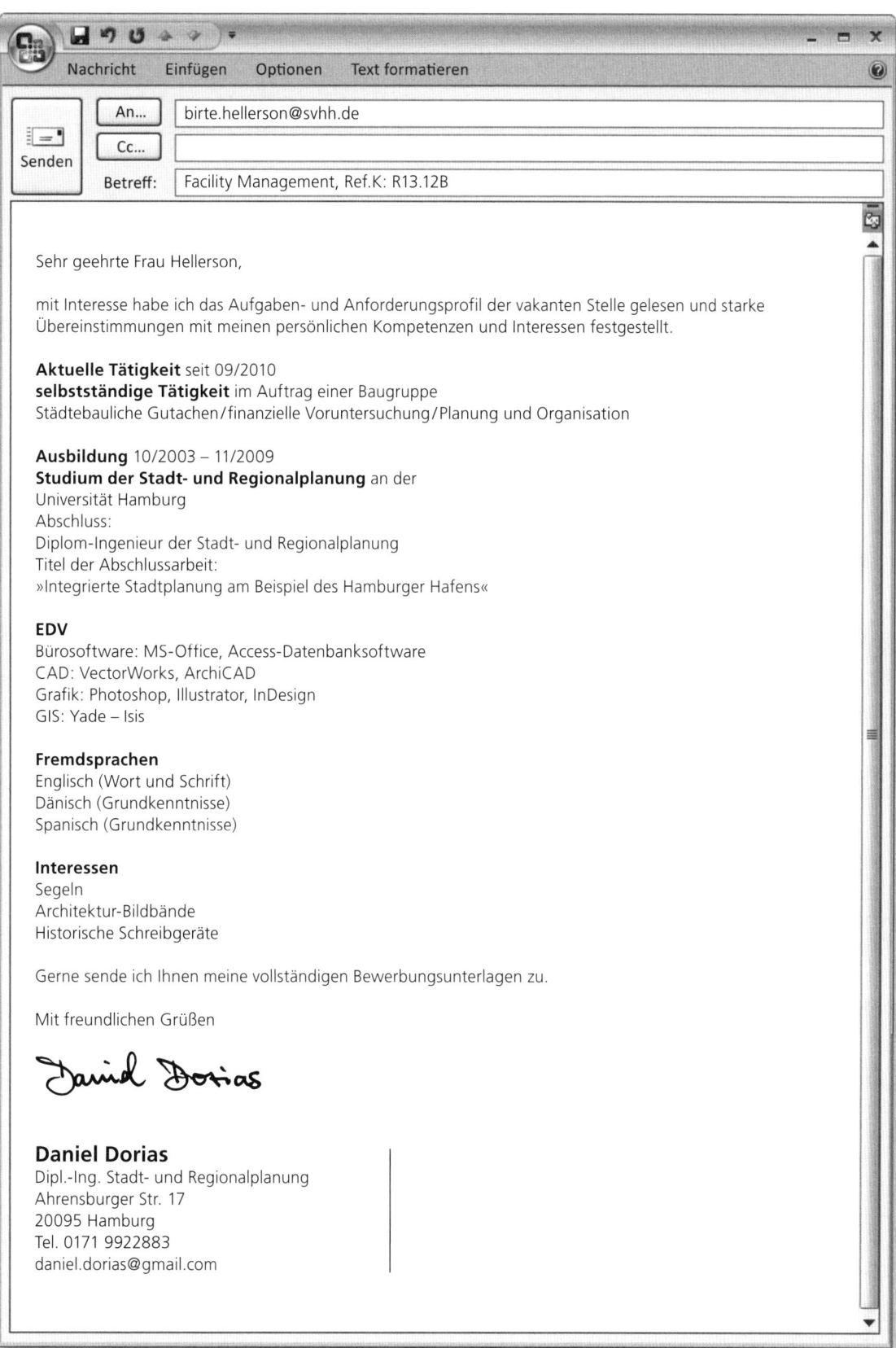

An... birte.hellerson@svhh.de

Cc...

Betreff: Facility Management, Ref.K: R13.12B

Sehr geehrte Frau Hellerson,

mit Interesse habe ich das Aufgaben- und Anforderungsprofil der vakanten Stelle gelesen und starke Übereinstimmungen mit meinen persönlichen Kompetenzen und Interessen festgestellt.

Aktuelle Tätigkeit seit 09/2010
selbstständige Tätigkeit im Auftrag einer Baugruppe
Städtebauliche Gutachen/finanzielle Voruntersuchung/Planung und Organisation

Ausbildung 10/2003 – 11/2009
Studium der Stadt- und Regionalplanung an der
Universität Hamburg
Abschluss:
Diplom-Ingenieur der Stadt- und Regionalplanung
Titel der Abschlussarbeit:
»Integrierte Stadtplanung am Beispiel des Hamburger Hafens«

EDV
Bürosoftware: MS-Office, Access-Datenbanksoftware
CAD: VectorWorks, ArchiCAD
Grafik: Photoshop, Illustrator, InDesign
GIS: Yade – Isis

Fremdsprachen
Englisch (Wort und Schrift)
Dänisch (Grundkenntnisse)
Spanisch (Grundkenntnisse)

Interessen
Segeln
Architektur-Bildbände
Historische Schreibgeräte

Gerne sende ich Ihnen meine vollständigen Bewerbungsunterlagen zu.

Mit freundlichen Grüßen

Daniel Dorias

Daniel Dorias
Dipl.-Ing. Stadt- und Regionalplanung
Ahrensburger Str. 17
20095 Hamburg
Tel. 0171 9922883
daniel.dorias@gmail.com

Daniel Dorias / E-Mails (Kommentar Seite 107)

Daniel Dorias
Dipl.-Ing. Stadt- und Regionalplanung
Ahrensburger Str. 17
20095 Hamburg
Tel. 0171 9922883
daniel.dorias@gmail.com

Stadtverwaltung Hamburg
Frau Hellerson
Am Rathausplatz 1
20095 Hamburg

Hamburg, 19.04.2014

Stellenangebot: **Referent/in in der Abteilung Kontrolle und Koordination von städtischen Bauprojekten, Sparte Facility Management** (Kennziffer: R13.12B)

Sehr geehrte Frau Hellerson,

mit Interesse habe ich das Aufgaben- und Anforderungsprofil der vakanten Stelle gelesen und starke Übereinstimmungen mit meinen persönlichen Kompetenzen und Interessen festgestellt. Die Planung und Steuerung von Baumaßnahmen auf jeglichen Maßstabsebenen reizt mich sehr. Durch meine vielfältigen beruflichen Erfahrungen bin ich bereits bestens mit den Immobilien- und Raumentwicklungsinstrumenten der öffentlichen Hand vertraut und habe mir darüber hinaus sehr gute Kenntnisse im öffentlichen Bau- und Planungsrecht erwerben können.

Neben meinen Fachkenntnissen und meinem persönlichen Interesse sehe ich meine Stärken auf den Gebieten der Kommunikation und der Koordination. Das schnelle Erfassen komplexer Zusammenhänge und das verständliche Erläutern ebendieser liegen mir sehr. Bereits während meines Studiums arbeitete ich am Lehrstuhl für Städtebau an der Universität Hamburg sowie im Architekturbüro Müller & Jensen und konnte dort meine teamorientierte und zielgerichtete Arbeitsweise unter Beweis stellen.

Ich hoffe nun, meine Fähigkeiten in die spannenden und vielfältigen Aufgaben bei der Stadtverwaltung Hamburg einbringen zu können.
Über eine Einladung zu einem persönlichen Gespräch freue ich mich sehr.

Mit freundlichen Grüßen

Daniel Dorias

Anlage

Daniel Dorias / Anschreiben (Kommentar Seite 107)

Daniel Dorias
Dipl.-Ing. Stadt- und Regionalplanung
Ahrensburger Str. 17
20095 Hamburg
Tel. 0171 9922883
daniel.dorias@gmail.com

Bewerbungsunterlagen

für die

Stadtverwaltung Hamburg

Daniel Dorias / Deckblatt (Kommentar Seite 107)

Lebenslauf

Daniel Dorias
Dipl.-Ing. Stadt- und Regionalplanung
Ahrensburger Str. 17, 20095 Hamburg
Tel. 0171 9922883
daniel.dorias@gmail.com
geboren am 21.09.1983 in Hamburg
ledig, ortsungebunden

Berufliche Erfahrungen

Seit 09/2010

selbstständige Tätigkeit im Auftrag einer Baugruppe
Aufgabengebiet:
– Städtebauliches Gutachten und finanzielle Voruntersuchung
  des geplanten Bauprojektes
– Organisation und Abstimmung des Planungsprozesses mit dem
  zuständigen Bauamt und der Evangelischen Kirche Hamburg
  (Grundstückseigentümer)

01/2010 – 07/2010

selbstständige Tätigkeit im Auftrag des Landes Hamburg,
im Rahmen eines Werkvertrages
Aufgabengebiet:
– Visualisierung aktueller Bau- und Planungsvorhaben
– Präsentation der Ergebnisse vor politischen
  Entscheidungsträgern
– Koordination der Zusammenarbeit mit den
  beteiligten Architekturbüros

Veröffentlichung:
„Vergleich von Bauvorhaben in Hamburg und Berlin unter besonderer Berücksichtigung der politischen Rahmenbedingungen"

04/2008 – 08/2008

Praktikum im Architekturbüro Müller & Jensen, Berlin
Aufgabengebiet:
– Assistenz bei Projektaufgaben im Bereich Stadtplanung
– Koordination von Projekten zwischen den Firmensitzen in
  Hamburg und Berlin

01/2007 – 05/2007

Mitarbeit im Architekturbüro Müller & Jensen, Hamburg
Aufgabengebiet:
– konzeptionelle Verstärkung des Stadtplanung-Projektteams
– Erstellen von Präsentationsperspektiven

Daniel Dorias / Lebenslauf (Kommentar Seite 107)

04/2006 – 03/2007	**Tutorium** am Lehrstuhl Städtebau unter Prof. Dr. Muth Aufgabengebiet: – Konzept- und Methodenvermittlung – entwurfsbegleitende Betreuung

Ausbildung

10/2003 – 11/2009	**Studium der Stadt- und Regionalplanung** an der Universität Hamburg Abschluss: Diplom-Ingenieur der Stadt- und Regionalplanung Titel der Abschlussarbeit: „Integrierte Stadtplanung am Beispiel des Hamburger Hafens"

Zivildienst

11/2002 – 08/2003	Integrationshaus Hamburg Georgswerder Aufgabengebiet: Organisation und Aufsicht einer betreuten Wohngemeinschaft
EDV	Bürosoftware: MS-Office, Access-Datenbanksoftware CAD: VectorWorks, ArchiCAD Grafik: Photoshop, Illustrator, InDesign GIS: Yade - Isis
Fremdsprachen	Englisch (Wort und Schrift) Dänisch (Grundkenntnisse) Spanisch (Grundkenntnisse)
Interessen	Segeln Architektur-Bilderbände Historische Schreibgeräte

Hamburg, 19.04.2014

Daniel Dorias

Daniel Dorias / Lebenslauf (Kommentar Seite 107)

Anlagenübersicht

Bescheinigungen

Praktikumsbescheinigung
Architekturbüro Müller & Jensen,
Fachbereich Stadtplanung

Zeugnisse

Diplom
Stadt- und Regionalplanung
Universität Hamburg

Zeugnis Diplomprüfung
Stadt- und Regionalplanung
Universität Hamburg

Zeugnis Vordiplomprüfung
Stadt- und Regionalplanung
Universität Hamburg

Daniel Dorias / Lebenslauf (Kommentar Seite 107)

Kommentar zur Mail-Variante 1 (S. 99)

Insgesamt: Eine sehr kurze Mail, die hier die weiteren Bewerbungsunterlagen begleitet und ankündigt. Ohne Fettungen und Unterstreichungen geht es also auch, wobei die eingescannte schöne (blaue) Unterschrift schon ins Auge sticht.

Betreffzeile: Damit kann der Empfänger etwas anfangen.

Anrede: Mit namentlicher Ansprache!

Start: Die Formulierung ist leider etwas floskelhaft.

Erstes Drittel: Der Text ist insgesamt so kurz, dass man hier nicht weiter differenzieren sollte.

Inhaltlich: Ein brauchbarer Ankündigungstext für die Bewerbungsunterlagen.

Abschluss: Unspektakulär, aber korrekt getextet, mit schöner handschriftlicher Unterschrift.

Abbinder: Nicht auffällig, aber doch gelungen – mit interessantem Seitenstreifen!

Hinweis zum Anhang: Der Anhang enthält Anschreiben und Lebenslauf.

Kommentar zur Mail-Variante 2 (S. 99)

Insgesamt: Eine weitere Kurz-Mail-Variante, die die Unterlagen angemessen ankündigt. Auf Fettungen wurde verzichtet. Unterstreichungen sind sparsam eingesetzt. Die eingescannte schöne (blaue) Unterschrift sticht ins Auge.

Betreffzeile: Sinnvoll!

Anrede: Namentliche Ansprache!

Start: Etwas floskelhafter Einstieg!

Erstes Drittel: Zu kurz, um hier zu differenzieren.

Inhaltlich: Ein ordentlicher Ankündigungstext!

Abschluss: Wieder unspektakulär, aber doch korrekt getextet, schöne handschriftliche Unterschrift!

Abbinder: Gelungen, interessanter Seitenstreifen!

Hinweis zum Anhang: Der Anhang enthält Anschreiben und Lebenslauf.

Kommentar zur Mail-Variante 3 (S. 100)

Insgesamt: Mit etwa vier Kurz-Blöcken kommt dieser schon etwas ausführlichere Mail-Text aus und kündigt auch (ohne Fettungen und Unterstreichungen im Text) die Bewerbungsunterlagen im auffälligen PS (fett) erfolgreich an.

Betreffzeile: Gut, wie bei den anderen Beispielen des Bewerbers.

Anrede: Sie erfolgt namentlich und ist allein damit schon mal gut.

Start: Etwas formelhaft!

Erstes Drittel: Kommt nicht ganz so schnell auf den Punkt.

Inhaltlich: Ordentlich, verlangt nach mehr.

Abschluss: Die zwei Abschlusssätze sind gut getextet.

Abbinder: Die Gestaltung bietet (bis auf den Streifen an der Seite) nichts Besonderes, aber alle wichtigen Inhalte sind vorhanden.

Hinweis zum Anhang: Der Anhang enthält den Lebenslauf des Bewerbers.

Kommentar zur Mail-Variante 4 (S. 101)

Insgesamt: Ein sehr kurzer Einleitungstext führt direkt zu den wichtigsten Daten des Lebenslaufes, die der Bewerber für sich sprechen lässt. Nur diese Abschnitte sind gefettet und geben ein schon sehr interessantes Profil des Bewerbers ab.

Betreffzeile: Gut gemacht!

Anrede: Namentliche Ansprache!

Start: Fällt leider etwas floskelhaft aus …

Erstes Drittel: Der erste Teil ist etwas zu kurz geraten, sodass man nur insgesamt von einer doch recht gelungenen Komposition sprechen kann.

Inhaltlich: Gelungen!

Abschluss: Auch etwas zu kurz und floskelhaft. Das wäre aber leicht zu verbessern.

Abbinder: Korrekt!

Hinweis zum Anhang: Diese Mail zur ersten Kontaktaufnahme kommt auch gut ohne Anhang aus.

Kommentar zu den Bewerbungsunterlagen von Daniel Dorias (S. 102 ff.)

Ein optisch schön gestaltetes **Anschreiben** transportiert in drei Absätzen auf sehr sympathische Weise, was der junge Kandidat anzubieten hat. Das sich anschließende **Deckblatt** wirkt ein bisschen »kopflastig«, alles scheint ein wenig »hochgerutscht«, aber gerade dieser Gedanke lässt den Betrachter ein wenig länger hier verweilen. Das außergewöhnlich schlanke Fotoformat unterstützt diese Wirkung. Vielleicht hätte auch noch seine Unterschrift darunter gepasst und der »Aufmerksamkeitsmoment« wäre nicht mehr zu toppen. Der nun folgende »**Lebenslauf**«, besser wäre hier »CV«, ist in seiner schlichten Eleganz kaum zu übertreffen und passt gut zu den vorangegangenen Seiten. Allein den Seitenumbruch von der ersten zur zweiten Seite (das Tutorium) könnte man sich noch besser denken. Schade, dass unser Bewerber hier keine Lösung fand, auch noch diese Station auf die erste Seite unter »Berufliches« zu bringen. Bei den hier benannten Interessen (historische Schreibgeräte) wird unter Garantie nachgefragt, wie man sich das vorstellen muss. Ein schöner Anknüpfungspunkt für das Vorstellungsgespräch, denn die Einladung dazu erfolgt mit Sicherheit. Die beigefügte **Anlagenübersicht** wäre fast nicht notwendig, erinnert wieder ein bisschen an das Deckblatt, ist aber immer ein Hinweis auf ein gutes Organisationstalent und auch ein Zeichen von Dienstleistungsbewusstsein (für den Leser und Empfänger).

Bewerbung einer Fachverkäuferin

Mail-Variante 1

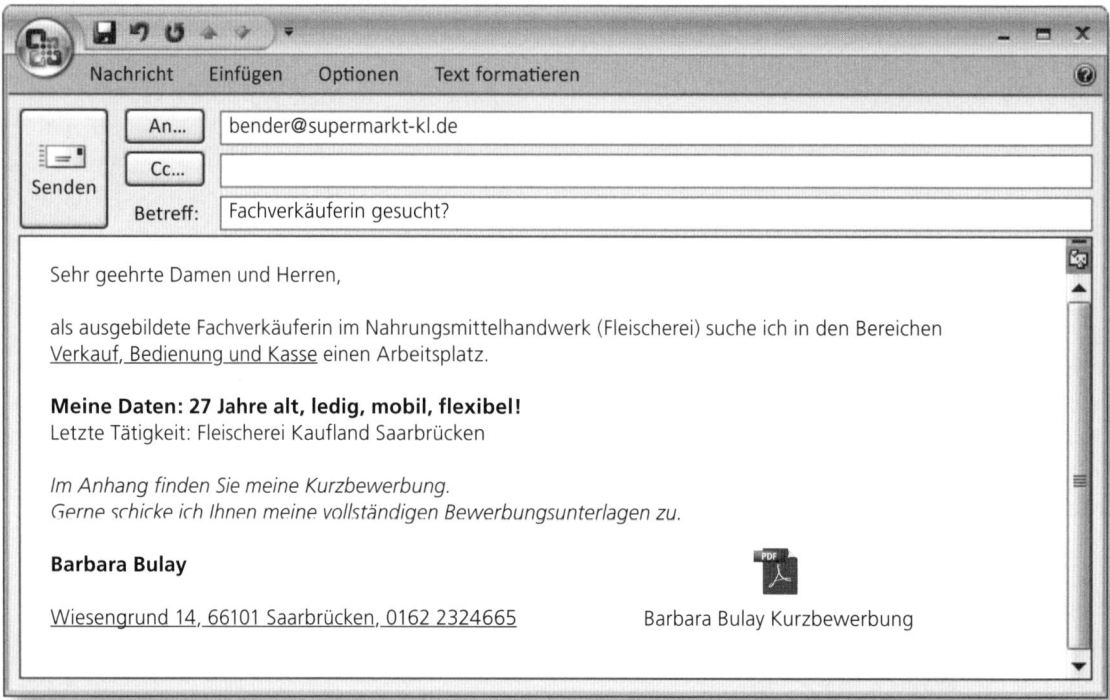

Nachricht Einfügen Optionen Text formatieren

An... bender@supermarkt-kl.de
Cc...
Betreff: Fachverkäuferin gesucht?

Sehr geehrte Damen und Herren,

als ausgebildete Fachverkäuferin im Nahrungsmittelhandwerk (Fleischerei) suche ich in den Bereichen <u>Verkauf, Bedienung und Kasse</u> einen Arbeitsplatz.

Meine Daten: 27 Jahre alt, ledig, mobil, flexibel!
Letzte Tätigkeit: Fleischerei Kaufland Saarbrücken

Im Anhang finden Sie meine Kurzbewerbung.
Gerne schicke ich Ihnen meine vollständigen Bewerbungsunterlagen zu.

Barbara Bulay

<u>Wiesengrund 14, 66101 Saarbrücken, 0162 2324665</u>

Barbara Bulay Kurzbewerbung

Mail-Variante 2

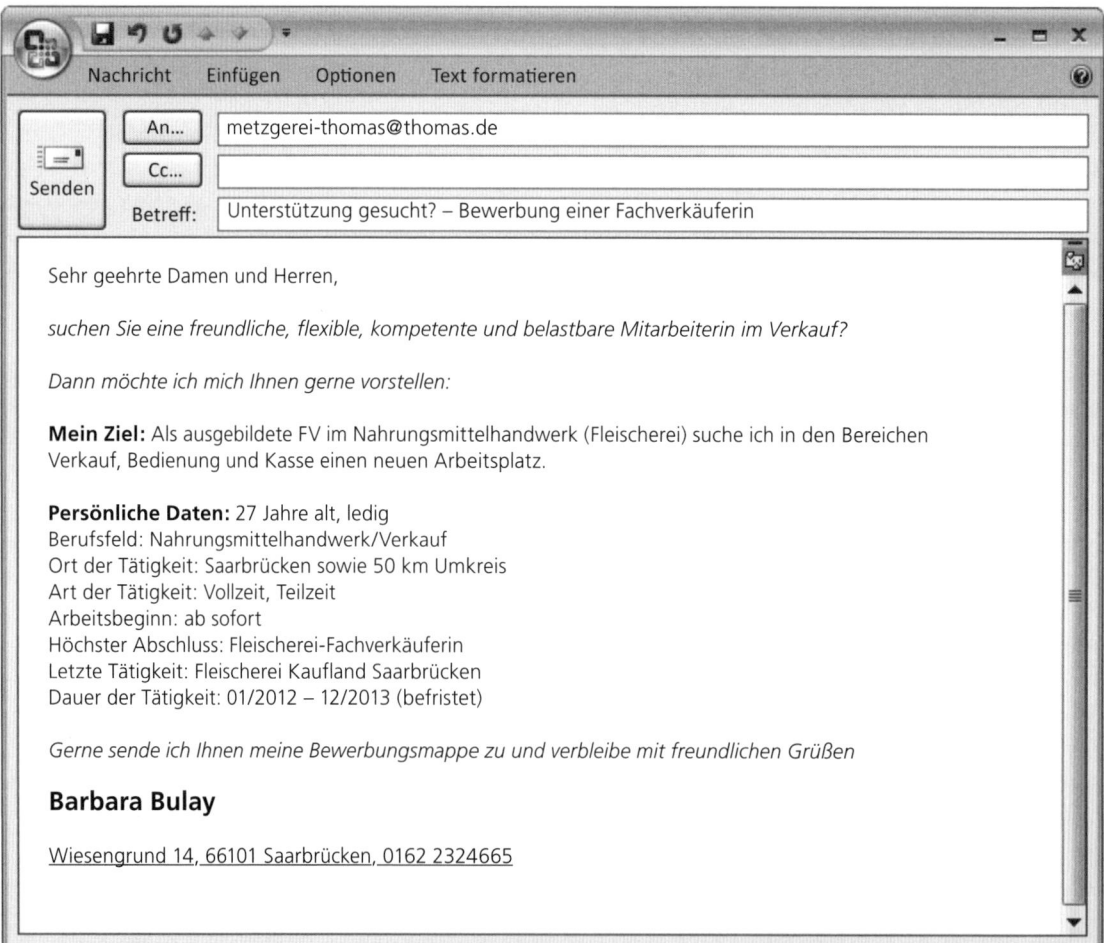

Nachricht Einfügen Optionen Text formatieren

An... metzgerei-thomas@thomas.de
Cc...
Betreff: Unterstützung gesucht? – Bewerbung einer Fachverkäuferin

Sehr geehrte Damen und Herren,

suchen Sie eine freundliche, flexible, kompetente und belastbare Mitarbeiterin im Verkauf?

Dann möchte ich mich Ihnen gerne vorstellen:

Mein Ziel: Als ausgebildete FV im Nahrungsmittelhandwerk (Fleischerei) suche ich in den Bereichen Verkauf, Bedienung und Kasse einen neuen Arbeitsplatz.

Persönliche Daten: 27 Jahre alt, ledig
Berufsfeld: Nahrungsmittelhandwerk/Verkauf
Ort der Tätigkeit: Saarbrücken sowie 50 km Umkreis
Art der Tätigkeit: Vollzeit, Teilzeit
Arbeitsbeginn: ab sofort
Höchster Abschluss: Fleischerei-Fachverkäuferin
Letzte Tätigkeit: Fleischerei Kaufland Saarbrücken
Dauer der Tätigkeit: 01/2012 – 12/2013 (befristet)

Gerne sende ich Ihnen meine Bewerbungsmappe zu und verbleibe mit freundlichen Grüßen

Barbara Bulay

<u>Wiesengrund 14, 66101 Saarbrücken, 0162 2324665</u>

Barbara Bulay / E-Mails (Kommentar Seite 111)

Mail-Variante 3

Nachricht   Einfügen   Optionen   Text formatieren

An...   dobrosch@web.de

Cc...

Senden

Betreff: Bewerbung einer Fleschereifachverkäuferin

Sehr geehrter Herr Dobrosch,
sehr geehrte Frau Dobrosch,

ich bin ausgebildete Fachverkäuferin im Nahrungsmittelhandwerk (Fleischerei) mit jetzt über 10 Jahren Berufserfahrung und suche in den Bereichen <u>Verkauf, Bedienung, Kasse</u> einen neuen Arbeitsplatz.

Persönliche Daten: 27 Jahre jung, ledig, motiviert
Ausbildung: 09.2001 – 08.2004 Fleischerei Posch
in Faltzberg bei Saarbrücken, Ausbildungsnote: gut
Letzte Tätigkeit: Fleischerei Kaufland Saarbrücken
Dauer der Tätigkeit: 01/2012 – 12/2013 (befristet)
Fleischereifachabteilung Karstadt, Saarbrücken
Dauer der Tätigkeit davor: 09/2006 – 12/2011
davor: in Schlossweg Metzgerei-Fachgeschäft
von 10/2004 – 08/2006
Ich suche: in Saarbrücken sowie 50 km Umkreis
Voll- oder auch gerne Teilzeit, Arbeitsbeginn sofort

Wenn Sie eine freundliche, flexible, kompetente und belastbare Mitarbeiterin in Ihrem Fachgeschäft suchen,
möchte ich mich Ihnen gerne vorstellen und Ihnen vorab meine kompletten Bewerbungsunterlagen zukommen
lassen.
Haben Sie Fragen? Dann rufen Sie mich doch unter 0162 2324665 an.
Herzlichen Dank, ich freue mich von Ihnen zu hören

Barbara Bulay

Barbara Bulay - Wiesengrund 14 - 66101 Saarbrücken
ausgebildete Fachverkäuferin im Nahrungsmittelhandwerk
(Fleischerei) mit 10-jähriger Berufserfahrung
Tel: 0162 232 4 665

Barbara Bulay / E-Mails (Kommentar Seite 111)

Barbara Bulay – Wiesengrund 14 – 66101 Saarbrücken – **Tel. 0162 232 4 665**

Fachverkäuferin im Nahrungsmittelhandwerk (Fleischerei)

Saarbrücken, 21.12.2013

Sehr geehrte Damen und Herren,

Sie suchen eine freundliche, flexible, kompetente und belastbare Mitarbeiterin?
Dann möchte ich mich Ihnen gerne persönlich vorstellen.

Mein Ziel: Als ausgebildete FV im Nahrungsmittelhandwerk (Fleischerei) suche ich in den Bereichen Bedienen, Verkaufen, Kassieren einen neuen Arbeitsplatz und eine Aufgabe, die mich echt fordert.

Persönliche Daten:	27 Jahre alt, ledig, sehr engagiert und flexibel
Berufsfeld:	Nahrungsmittelhandwerk / Verkauf
Ausbildung:	09.2001 – 08.2004 Fleischerei Posch in Faltzberg bei Saarbrücken, Ausbildungsnote: gut
Höchster Abschluss:	Fachverkäuferin im Nahrungsmittelhandwerk (Fleischerei)
Schulausbildung:	Erweiterter Hauptschulabschluss, Durchschnittsnote: 2,1
Ort der Tätigkeit:	Saarbrücken sowie 50 Kilometer Umkreis
Art der Tätigkeit:	Vollzeit, Teilzeit
Arbeitsbeginn:	ab sofort
Letzte Tätigkeit:	Fachverkäuferin im Nahrungsmittelhandwerk (Fleischerei) bei der Firma Kaufland Saarbrücken Dauer der Tätigkeit: 01/2012 – 12/2013 (befristet)

Gerne sende ich Ihnen auf Wunsch meine komplette Bewerbungsmappe zu.

Kommentar zur Mail-Variante 1 (S. 108)

Insgesamt: Mit drei kurzen Blöcken kommt dieser Mail-Text schnell auf den Punkt und entfaltet nicht zuletzt durch die gezielte Fettung einer ganzen Zeile einen informativen Eindruck. Über die Kursivform der beiden Zeilen unten kann man unterschiedlicher Meinung sein.

Betreffzeile: Das ließe sich noch verbessern.

Anrede: Nicht namentlich und deshalb nicht gut!

Start: Ordentlich gelungener Start!

Erstes Drittel: Kommt schnell auf den Punkt und ist selbst bei der Kürze noch informativ.

Inhaltlich: Macht neugierig und ist gut lesbar.

Abschluss: Vollkommen ausreichend, gut getextet!

Abbinder: In Ordnung!

Hinweis zum Anhang: Der Anhang enthält die Kurzbewerbung der Bewerberin (s. S. 110).

Kommentar zur Mail-Variante 2 (S. 108)

Insgesamt: Mit wenigen sehr kurzen Abschnitten kommt auch dieser Mail-Text schnell auf den Punkt. Über die Kursivform der beiden Teile oben und unten kann man unterschiedlicher Meinung sein, lieber vermeiden! Die sparsamen Fettungen dagegen strukturieren den Text angenehm. Interessant ist die Präsentation der persönlichen Daten mit der letzten Berufsstation.

Betreffzeile: Dieser Betreff weckt schon etwas mehr Interesse als die Betreffzeile im ersten Beispiel.

Anrede: Leider nicht namentlich, also schlecht!

Start: Verbesserungswürdig, weil es hier quasi zu einer inhaltlichen Doppelung (vgl. Betreff) kommt.

Erstes Drittel: Kommt relativ schnell auf den Punkt.

Inhaltlich: Ordentlich und gut lesbar, macht neugierig auf die Kandidatin und ihre Bewerbungsmappe!

Abschluss: Vollkommen ausreichend!

Abbinder: Nicht spektakulär, aber in Ordnung!

Hinweis zum Anhang: Dieser Mail zur ersten Kontaktaufnahme muss kein Anhang beigefügt werden.

Kommentar zur Mail-Variante 3 (S. 109)

Insgesamt: Enthält in drei kurzen Blöcken das Wesentliche und bietet zusätzlich ein paar Lebenslauf-Daten, die sicherlich etwas besser geordnet sein könnten. Über die Kursivform des letzten Absatzes kann man unterschiedlicher Meinung sein, besser so nicht!

Betreffzeile: Sehr ordentlich und sachlich.

Anrede: Namentlich und deshalb gut!

Start: Gut getextet! Kommt prima auf den Punkt!

Erstes Drittel: Ist informativ und gut lesbar!

Inhaltlich: Ordentlich, weckt Interesse!

Abschluss: Sehr schön getextet mit ansprechender Telefon-Aufforderung!

Abbinder: Gute Eigenwerbung!

Hinweis zum Anhang: Diese Mail zur ersten Kontaktaufnahme kommt sehr gut auch ohne Anhang aus.

Kommentar zu Barbara Bulays Lebenslauf (S. 110)

Eine Art Kurzbewerbung: Eine Kombination aus Anschreiben mit Lebenslaufdaten plus Foto (bloß nicht darauf verzichten!) lässt den eiligen Leser doch einen kleinen Moment innehalten und genauer hinschauen. Und schon ist erreicht, was ja für die Bewerberin ganz wichtig ist: Aufmerksamkeit!

Schade, dass hier die Empfänger nicht namentlich angesprochen werden, aber das kann man schnell ändern. Ein Anruf genügt, nur Mut! Natürlich ist dieser Dateianhang gar nicht so viel anders als der Text in der zweiten und dritten Mail-Variante. Aber warum auch nicht … Alles Wichtige wird jetzt (nochmals) vorgetragen und so kann sich der Leser kaum des Eindruckes entziehen, dass sich hier eine interessante, vielversprechende Fachkraft bewirbt. Ergo: einladen!

Präsent im Netz: Business-Communities, die eigene Homepage, Foren, Blogs, & Co.

DIGITALER AUFTRITT: DIE GANZE WELT IST EINE BÜHNE

Das eigene Theater, den eigenen Buchverlag, das eigene Museum zu eröffnen – welcher Künstler träumt nicht davon, auf seiner eigenen Bühne zu stehen, in seiner eigenen Galerie seine Bilder auszustellen? Stellen Sie Ihre eigene Homepage ins Internet, auf der Sie sich potenziellen Gesprächspartnern und Arbeitgebern präsentieren. Durch diese besondere Form der digitalen Visitenkarte, des eigenen Stückes, das Sie sich selbst geschrieben und inszeniert haben, erfahren die Entscheider mehr über Sie und Sie fallen (hoffentlich) positiv auf. Das ist ein nicht unwesentlicher Aspekt, wenn man bedenkt, dass man sich mit einer Bewerbung, mit einem Angebot oft gegen mehrere Hundert Konkurrenten durchsetzen muss.

In Ihren schriftlichen Bewerbungs- bzw. Werbe-Unterlagen weisen Sie dann – beispielsweise auch mittels eines QR-Codes – auf Ihre Seite im Internet hin. Argumente wie »Der Entscheider hat doch dafür keine Zeit …« sind nicht stichhaltig. Heutzutage wird fast jeder Bewerber gegoogelt. Ergo: Ganz sicher hat man Zeit, sich mit Ihnen – wenn Sie denn Interesse auslösen – bereits vorab zu beschäftigen! Spätestens, wenn man Sie im Vorstellungs-/Erstgespräch kennenlernen will bzw. kennengelernt hat.

BUSINESS-COMMUNITIES

Business-Kontaktbörsen bieten die Möglichkeit, ein eigenes berufliches Profil im Internet zu präsentieren und gleichzeitig mögliche neue Arbeitgeber oder Firmenvertreter direkt anzusprechen bzw. auch von ihnen angesprochen zu werden. Diese können sich dann sofort ein Bild vom beruflichen Werdegang des Bewerbers machen und bei Bedarf umfangreichere Bewerbungsunterlagen anfordern.

Der Unterschied zu einer »normalen« Jobbörse wie z. B. www.monster.de liegt in der Sichtbarkeit der Teilnehmerprofile für alle Mitglieder – jeder kann jedes vorhandene Profil aufsuchen und bei Interesse eine Nachricht hinterlassen.

Business-Kontaktbörsen sind eine moderne Form der unkomplizierten Ansprache und des Austauschs von Personen. Die Möglichkeit der Kontaktaufnahme ist hierbei teilweise mit einer kostenpflichtigen Premium-Mitgliedschaft verbunden, manchmal jedoch auch kostenfrei. Nutzen Sie die Chance der großen, branchenübergreifenden Business-Kontaktbörsen und gestalten Sie Ihr Profil entsprechend Ihrer relevanten beruflichen Kompetenzen sowie Ihrer wichtigsten persönlichen Merkmale. Gehen Sie dann gezielt auf die Suche nach Ansprechpartnern und suchen Sie Kontakt und Austausch.

In Deutschland gibt es seit 2003 mit XING eine sehr große, international orientierte Business-Kontaktbörse, in der Vertreter aus allen nur denkbaren Branchen registriert sind. Mithilfe umfangreicher Suchfunktionen sind diese zu finden und können dann entsprechend kontaktiert werden.

Allgemeine und spezielle Business-Kontaktbörsen:

- www.xing.com
- www.linkedin.com
- www.access.de
- www.experteer.de
- www.manager-lounge.com

Ihr Einstieg in eine Business-Kontaktbörse

Suchen Sie sich eine Business-Kontaktbörse aus, die von Ihren Kunden, Auftraggebern oder typischerweise auch Wuncharbeitsplatzanbietern wirklich genutzt wird, und hinterlegen Sie dort Ihr Profil (s. auch S. 117 ff.). Beachten Sie, dass die Informationen genau zu Ihrem beruflichen Hintergrund passen bzw. so gestaltet sein sollten, dass sie Ihren schriftlichen Bewerbungsunterlagen entsprechen. Dazu gehören immer ein passendes Foto in Berufskleidung sowie eine Auflistung der relevanten beruflichen Stationen.

Vermeiden Sie in Ihrem Profil (das ja keinesfalls ein lückenloser Lebenslauf sein soll) die Erwähnung von unvorteilhaften beruflichen Informationen, wie z. B. mehrere kurzzeitige Beschäftigungsverhältnisse oder Zeiten der Arbeitslosigkeit. Überlegen Sie vorher genau, was Sie von sich erzählen und welche Freunde oder Bekannte Sie in Ihrem Kontaktnetzwerk aufführen wollen.

Seien Sie wählerisch, was die intensiver gepflegten Kontakte angeht. Eine hohe Anzahl an Kontakten innerhalb eines solchen Netzwerks kann auch mit einer gewissen Wahllosigkeit und Beliebigkeit einhergehen und verfehlt so das eigene Ziel. Hochrangige Bewerber bevorzugen deswegen zunehmend exklusivere Kontaktbörsen, für die es Zugangsbeschränkungen (Alter, Position, Gehalt, Mitgliedschaft beispielsweise nur auf Empfehlung etc.) gibt. Und eins ist klar: Kontakte, die im Internet hergestellt werden und sich vielversprechend anlassen, müssen recht bald durch eine persönliche Begegnung intensiviert werden. Das gilt natürlich besonders für den Bewerbungsprozess.

Unser Tipp: Nutzen Sie Ihr Profil in einer Business-Community für Bewerbungen innerhalb dieser Portale, aber auch außerhalb. Integrieren Sie beispielsweise den Link zu Ihrem öffentlich einsehbaren Community-Profil in Ihre E-Mail-Signatur. Und selbst auf Ihrer Visitenkarte könnte ein nicht zu komplizierter Profillink stehen. Im Rahmen von Initiativbewerbungen kann beim Telefonat vorab, nach erfolgreich geweckter Neugier, der Hinweis zum aussagekräftigen Profil übermittelt werden und Ihr Gesprächspartner hat unmittelbar und direkt einen Einblick in Ihren beruflichen Werdegang, in das, was Sie ihn von sich wissen lassen wollen.

Generell empfehlen wir, sich mit dem Thema Business-Communities offen auseinanderzusetzen und bei Bedarf technische Unterstützung zu suchen bzw. auch über einen passenden Onlinekurs nachzudenken. Mit einem Profil in einer Business-Community erleichtern Sie Personalern den Zugang zu Ihren beruflichen Profilinformationen und gleichzeitig auch die direkte Kontaktaufnahme im Medium Internet. Hinzu kommt, dass Sie selbst sehr interessante Firmendaten – wenn die Firma dort gelistet ist – recherchieren können und dann direkt auch die Ansprechpartner bzw. Personaler dieser Firma über deren Profil kennenlernen können.

Absolut wichtig: Ihr Foto/Profilfoto

Unterschätzen Sie nicht die Macht der Bilder. Ein Foto weckt beim Betrachter auf Anhieb Sympathie – oder auch leider Antipathie. Kein Foto bedeutet etwa bei einem XING-Profil: 50 Prozent weniger Kontakte, weniger auffallen … und wohl etwa 50 Prozent weniger Erfolg bei allem, was Sie mit Ihrem Foto verbinden. Daher ist gerade hier höchste Sorgfalt angezeigt. Denn eines ist sicher: Ihr Bild findet in jedem Fall Aufmerksamkeit, wird angeschaut und ist ein Hingucker. Es wird betrachtet und einer schnellen, emotional gefärbten Analyse unterzogen.

Sonstige Angaben wie Auslandsaufenthalte, Hobbys, Engagements, Interessen und mehr

Interkulturelle Kompetenz und Sprachkenntnisse zählen zu den bevorzugten Schlüsselqualifikationen. Berichte über Auslandsaufenthalte gehören, insbesondere wenn fachbezogen, ausführlich beschrieben in Ihr Profil sowie auf Ihre Homepage und in Ihre Vita. Die Angabe von wenigen, ausgewählten Hobbys macht Ihr Profil interessanter.

Arbeitsproben

Nutzen Sie die Chance, in Ihrem Profil (aber auch auf der eigenen Homepage) auf Arbeitsproben zu verweisen. Auch Fotos produzierter Dinge sind eventuell eine angemessene Lösung. Aber erlegen Sie sich etwas Zurückhaltung auf – es sei denn, es erscheint Ihnen angemessen, auf bestimmte Dinge hinzuweisen, die Sie initiiert oder geschaffen haben (etwa Buchpublikationen oder Fachartikel, unter Umständen auch Ihre Abschluss- und/oder Promotionsarbeit, eines Ihrer Produkte, Arbeiten, die einen Fachpreis erhalten haben, usw.).

XING

Ihr XING-Profil fungiert wie eine eigene, beruflich orientierte Website. Sie können sie jederzeit um Ihre Job-Neuigkeiten erweitern oder ändern. Über eine bestimmte Funktion bekommen dies alle direkten Kontakte mit – ein guter Aufhänger für die Kontaktpflege. Grundsätzlich ist XING eine offene Plattform. Es gibt zwei Formen der Mitgliedschaft – die kostenlose und die kostenpflichtige. Für einen entsprechenden Mitgliedsbeitrag bekommen Sie diverse Erleichterungen bei der Kontaktaufnahme zu anderen Mitgliedern. Auch die Suche nach bestimmten Kriterien wie Branche, Stadt, Universität etc. ist dann in vielfältigen Details möglich. Ein weiterer Vorteil: Auf den Profilen von Premium-Mitgliedern wird keine Werbung platziert. Allen Mitgliedern steht die Teilnahme an den unzähligen Diskussionsgruppen offen – eine wahre Fundgrube an beruflich relevantem Wissen und fachkompetenten Ratschlägen.

Auch die Nutzung von XING als eine Art virtueller Arbeitsmarkt ist für alle Mitglieder möglich. Viele Gruppen verfügen über eine Jobbörse, in der die Gruppenmitglieder Aufträge einstellen und bekommen können – egal, ob als Angestellter oder als Freischaffender. Und auch die Projekte-Plattform bietet quer durch die Branchen die vielfältigsten Angebote. Umfangreiche Suchfunktionen, beispielsweise nach Stellen, Projekten oder beruflich interessanten Mitgliedern, ermöglichen eine innovative und unkomplizierte Verfolgung Ihrer Karriere-Ziele.

Zum Thema Selbstmarkting via Suchmaschinen

Es ist problemlos möglich, sein XING-Profil auch Nicht-Mitgliedern zugänglich zu machen, um dann beispielsweise von Google als XING-Mitglied gefunden zu werden. Diese Entscheidung ist im wahrsten Sinn des Wortes Einstellungssache, jedoch für die Sichtbarkeit Ihres Kompetenzprofils in den Ergebnissen von Suchmaschinen wichtig. Wenn Sie Ihr XING-Profil öffentlich sichtbar machen, so wird es automatisch sehr weit vorn bei den Suchmaschinenergebnissen landen. Ein wichtiger Pluspunkt im Bereich virtueller Selbstdarstellung.

Wichtige XING-Elemente

Das Foto auf der Profilseite zieht natürlich in besonderer Weise die Aufmerksamkeit auf sich. Wie in einer Bewerbung sollte es aussagekräftig, sympathisch, aber dennoch seriös sein. Wir empfehlen Ihnen, ein Foto einzustellen. Denn die Erfahrung zeigt, dass ein gutes Foto das Interesse an einem Profil wesentlich steigert. Neben dem Foto sind die persönlichen Daten platziert, der eigene Name und der Name der Firma, bei der man beschäftigt ist, oder die berufliche Bezeichnung.

Am oberen Rand können Sie auf Ihr Postfach zugreifen sowie bestehende und neue Kontakte finden. Ebenfalls in diesem Bereich sind u. a. Stellen- und Projektangebote, Gruppendebatten, Event-Hinweise sowie Unternehmenspräsentationen zu finden.

Für Ihre Selbstdarstellung sowie engagiertes Networking ist die Funktion »Neuigkeiten« sehr interessant: Hiermit wird angezeigt, wer von Ihren direkten Kontakten wen als neuen Kontakt hat oder welche Neuigkeiten es bei den direkten Kontakten gibt (eine Auszeichnung, eine Änderung des Wohnsitzes, ein neues Foto etc.). Manche Veränderungen bieten den besten Anlass, sich mit diesem Kontakt wieder einmal in Verbindung zu setzen. Mit Statusmeldungen, z. B. »XY freut sich über neue Projektanfragen im Bereich XZ« oder »XY ist stolz auf den erfolgreichen Abschluss der Weiterbildung als XZ« rufen sich Ihre Kontakte ins Blickfeld, und so können natürlich auch Sie für sich selbst PR machen.

Kontakte: Hier steht die Anzahl Ihrer Kontakte, die Sie bis jetzt auf XING geknüpft haben, und hier sind diese Kontakte auch im Detail einsehbar. Wollen Sie auf Ihrer Seite auf diese Möglichkeit verzichten oder Ihre Kontakte schützen, können Sie Ihre Kontakte auch (vor der Öffentlichkeit) verbergen; nur Sie selbst können dann noch die Kontakte ansehen.

Aktivität: Diese Funktion zeigt an, wie häufig Sie auf XING aktiv sind. Dies kann eine interessante Information für andere Mitglieder sein, um zu sehen, wie wichtig Ihnen diese Networking-Plattform wirklich ist. Natürlich können Sie diese Information auch verbergen, um nach außen keine Hinweise zu Ihren Internetaktivitäten zu geben.

Karrierewünsche bearbeiten: Mit dieser Funktion haben Sie die Chance, Ihre aktive Jobsuche gezielt bekannt zu machen oder Sie erklären, dass Sie hier bei XING momentan keinen neuen Arbeitsplatz finden wollen.

Zitat: Begrüßen Sie Ihre Profilbesucher mit einer freundlichen Ansprache oder einem interessanten Zitat. Somit ergibt sich vielleicht ein direkter Anknüpfungspunkt beim Networking-Austausch.

Profildetails: Unter diesem Menüpunkt sind Ihre wichtigsten beruflichen Informationen aufgelistet. In der Rubrik »Ich biete« gilt es, in kurzen, knappen Worten Ihre Fähigkeiten und Eigenschaften zu konkretisieren – natürlich so positiv wie möglich. Jahrelange Berufserfahrung, der Hinweis auf spezifische Fähigkeiten oder Erfolge – all dies sollte hier prägnant (bitte keine Romane!) dargestellt werden. Gleichzeitig können Sie sich Ihre verwendeten Schlagworte von anderen Mitgliedern bestätigen lassen, also Mini-Referenzen erhalten. Überlegen Sie mal: Wenn jemand auf XING sagt, er biete Fachwissen im Bereich Maschinenbau, so wirkt er mit 20–30 externen Bestätigungen seiner Maschinenbau-Kompetenz deutlich glaubwürdiger. Diesen Reputationseffekt sollten Sie sich nicht entgehen lassen. Bei »Ich suche« ist Platz für Ihre ganz konkreten Vorstellungen über Ihren neuen Arbeitsplatz. Sind Sie auf Stellensuche, vermeiden Sie möglichst allgemeine Floskeln wie »Neue Kontakte, neue Herausforderungen …«, denn deswegen sind alle Mitglieder bei XING. Ratsam sind Formulierungen wie »Kontakte in der Medienbranche (Hotel-, Baubranche etc.)«. Im Bereich »Berufserfahrung« finden Ihre beruflichen Stationen in einer vorgefertigten Maske ihren Platz – optional auch mit genauen Jahres- und Ortsangaben. Je länger Sie in einer Position beschäftigt waren, umso größer wird der grüngelbe Kreis (je nach Browser auch Quadrat) links neben jeder beruflichen Station. Dies erleichtert die Übersichtlichkeit bzw. ermöglicht dem Profilbetrachter auf einen Blick zu erkennen, welche Schwerpunkte es im beruflichen Werdegang gibt. Bei »Ausbildung« können Sie alles anführen, was zu Ihrer Aus- und Weiterbildung beigetragen hat. Es folgen Ihre Sprachkenntnisse, besondere Qualifikationen, Auszeichnungen sowie Mitgliedschaften in Organisationen.

Besonders interessant hinsichtlich eines aktiv gesteuerten Selbstmarketings im WWW ist der Bereich »Referenzen«. Während bei »Ich biete« bestimmte Schlagworte Mini-Referenzen erhalten können, besteht hier die Möglichkeit, für die von Ihnen genannten konkreten beruflichen Stationen sowie Ihre Ausbildung passende Referenzen bei anderen XING-Kontakten zu erfragen. Ganz sicher wird durch bestätigte Angaben ein XING-Profil sehr viel vertrauenswürdiger bewertet. Den Abschluss in dieser Profilkategorie bilden Informationen zu den Interessen sowie persönliche Daten, z. B. das Geburtsdatum. Generell erleichtern Angaben zu Ihren bisherigen Arbeitgebern und Ihrer jetzigen Firma, zu Ihrer Schul- und/oder Universitätslaufbahn ehemaligen Kontakten die Suche nach Ihnen. Häufig finden sich auch Besucher auf Ihrem Profil, die aus reiner Neugier den Namen Ihrer gemeinsamen Hochschule eingegeben haben.

Portfolio: Neben der Chance, hier eine Art Dritte Seite zu integrieren, können Sie in sehr individueller Weise weitere Texte zu Ihrem Profil präsentieren, zusätzliche Bilder einstellen, in PDF-Form beispielsweise Arbeitsproben oder Projektbeschreibungen hochladen. All diese Optionen sind wunderbare Chancen für eine noch individuellere Selbstdarstellung via XING. Bei einer ausgefüllten Portfolio-Seite empfehlen wir am Ende des Portfolios die Auflistung eines eigenen Impressums bzw. eine Beschäftigung mit der aktuellen Rechtslage zum Thema Impressumspflicht.

Weitere Profile im Netz: Sie haben eine eigene Homepage oder einen beruflich relevanten Twitter-Account? Dann können Sie in dieser Kategorie Ihre Profile auflisten und anderen Besuchern zugänglich machen. Unser Tipp: Weniger ist mehr. Verwirren Sie an dieser Stelle nicht mit einer Auflistung von 10–15 weiteren Profilen. Kaum jemand wird das Interesse und die Zeit haben, alle Links anzuklicken. Konzentrieren Sie sich auf die für Ihre beruflichen Ziele wichtigsten Links im Netz.

Gruppen: XING hat ein sehr vielfältiges Angebot an sogenannten Gruppen, denen Sie beitreten können. Beruflich oder privat – Sie haben eine unglaublich vielfältige Auswahl. Einige Gruppen sind offen, andere sind sehr exklusiv und bedürfen der vorherigen Prüfung Ihres Beitrittsgesuchs durch die Gruppenmoderatoren. Dies gilt besonders, wenn es um sensibles fachliches oder brancheninternes Wissen oder die Wahrung der beruflichen Qualität geht. Sie müssen nicht unbedingt Mitglied einer Gruppe sein, um Informationen zu erhalten. Denn die meisten Gruppen gewähren Einblick in die von ihren Mitgliedern verfassten Artikel. Es empfiehlt sich, Gruppen beizutreten, die Ihrem Berufswunsch oder Ihrer Branche entsprechen. Denn Sie können die Mitgliedschaft auf Ihrer Profilseite sichtbar machen und zeigen so Ihr Engagement und Ihr Interesse an Ihrem Metier. Sie können Ihre Mitgliedschaften aber auch einzeln verbergen, z. B. wenn Sie nicht wollen, dass Ihr momentaner Chef mitbekommt, dass Sie Mitglied in einer Gruppe zum Thema »berufliche Neuorientierung/Bewerbung« sind. In den Gruppen selbst erfahren Sie viel zum Gruppenthema, können Fragen stellen, Ihre Meinung äußern – kurz, sich an der Diskussion rund ums Thema beteiligen und eben austauschen.

Je reger Sie sich beteiligen (natürlich mit intelligenten Beiträgen), desto mehr wecken Sie die Aufmerksamkeit anderer Gruppenteilnehmer, die vielleicht eine Stelle zu vergeben haben und genau nach jemandem wie Ihnen suchen. Das jedenfalls ist für viele der Motor, die Erwartungshaltung und Hoffnung. Regelmäßige Newsletter berichten über wichtige Neuigkeiten aus der Gruppe oder aus der Branche. Sinnvoll sind übrigens Gruppentreffen der Mitglieder in der »realen Welt«. Denn der persönliche Kontakt ist vielen Mitgliedern immer noch am wichtigsten. Regionale und überregionale Gruppentreffen vertiefen bestehende Kontakte und bieten Gelegenheit für neue.

Aktivitäten: Hier sind Ihre Aktivitäten, z. B. Profiländerungen, auf XING einsehbar, sofern Sie diese für die Öffentlichkeit zur Verfügung stellen. Positiv an der Erstellung eines XING-Profils ist, dass Sie es jederzeit relativ unkompliziert ändern bzw. anpassen können. Unser Tipp: Je konkreter bestimmte Stichwörter Ihres Profils sind, desto größer ist auch Ihre Chance, von beruflich relevanten Mitgliedern gefunden zu werden. Denn die Suche nach interessanten Kontakten funktioniert häufig über die Stichwortsuche.

In der Rolle des Besuchers eines XING-Profils finden Sie einige Funktionen, die für das Networking von besonderer Bedeutung sind. Hierzu gehört beispielsweise ein Klick auf »Gemeinsamkeiten«, der dann für Sie beide übereinstimmende Kontakte, Gruppen, Unternehmen und Events auflistet. Erscheint Ihnen ein Profil interessant, klicken Sie den Button »Als Kontakt hinzufügen«. In einer kurzen Begründung geben Sie an, weswegen Sie mit dem Betreffenden in Kontakt treten wollen. Ist er interessiert, wird er Ihren Kontakt bestätigen. In der Rolle des Profildarstellers haben auch Sie die Wahl, Kontaktanfragen zu bestätigen oder abzulehnen. Wichtig ist in jedem Fall, dass Sie sich nur mit Kontakten verbinden sollten, die Sie wirklich kennen. Es ist nicht sinnvoll, unbekannte Leute um Verlinkung zu bitten, nur weil man vielleicht in der gleichen Branche arbeitet. Beachten Sie hierzu bitte die XING-Netiquette.

Ein kleiner Tipp bei Kontaktanfragen von anderen XING-Mitgliedern: Überlegen Sie, ob Sie diesen Kontakt wirklich wollen oder ob Sie ihn aus purer Höflichkeit oder anfänglicher Begeisterung annehmen. Auch im Netz gilt: »Sage mir, mit wem Du umgehst …« Mit einem Klick auf »Nachricht schreiben« können Sie über diese Funktion an ein XING-Mitglied eine Nachricht senden, ohne es als Kontakt hinzuzufügen. Sie finden ein XING-Profil interessant und wollen später einmal darauf zurückkommen, um dann vielleicht auch eine Nachricht zu senden? Dann nutzen Sie die Funktion »Mitglied merken«, um schnell dieses Mitglied wieder aufzufinden.

Zur Sicherheit auf XING

Insgesamt wird das Thema Sicherheit und Datenschutz auf XING durchaus großgeschrieben. Ihre Kontaktdaten sind sicher verschlüsselt, es sei denn, Sie beschließen, einer bestimmten Person Ihre Daten freizugeben. Erhalten Sie eine Ihnen unangenehme Kontaktanfrage, können Sie diese jederzeit ablehnen oder – sollte der Kontakt zudringlich werden – mit einer Meldung an XING regelrecht zurückweisen. Die Mitarbeiter von XING sind jederzeit berechtigt, bei Missbrauch von Daten oder Übergriffen ein Mitglied aus der Plattform auszuschließen. Innerhalb der Gruppen übernehmen diese Funktion die (Co-)Moderatoren. Sie haben zudem die Aufgabe, auf den richtigen Ton innerhalb der Diskussion zu achten, Beleidigungen zu ahnden oder notfalls ein Mitglied aus der Gruppe auszuschließen. In einer eigenen Gruppe für Moderatoren erhalten sie einen Verhaltenskodex und haben immer die Möglichkeit, sich Rat zu holen.

Übersichtlichkeit und Prägnanz

Die Übersichtlichkeit, Klarheit und Prägnanz sind bei einem XING-Profil wichtig. Selbstmarketing bedeutet immer auch eine verkürzte Darstellung ganz konkreter Fakten. Versuchen Sie, Ihr XING-Profil in einer ausgewogenen Mischung aus relevanten Inhalten und einer möglichst guten Übersichtlichkeit zu gestalten. Niemand möchte hier kilometerlange Auflistungen unter »Ich biete« lesen oder zu komplexe Details aus Ihrer Berufspraxis erfahren. In gleicher Weise sind bei einer Führungskraft mit 30 Jahren Berufserfahrung die Schulpraktika in der Berufspraxis uninteressant. Und auch bei XING sollte eine sogenannte Dritte Seite nicht zu umfangreich gestaltet sein. Ebenfalls wichtig ist eine gewisse harmonische, gleichmäßige Darstellung aller verwendeten Daten bzw. Informationen. Wenn Sie beispielsweise bei Ihrer Berufspraxis bei einer Station die Aufgabengebiete konkret beschreiben, so sollten Sie dies auch generell bei allen beruflichen Positionen angeben.

Die optimale Selbstpräsentation ...

... auf XING benötigt etwas Zeit und stetige Aktualisierungen. XING bietet sehr vielfältige, innovative Möglichkeiten, um das eigene berufliche Profil öffentlich oder ausgewählten Kontakten bekannt zu machen. Diese gilt es zu erkunden und für die eigene Karriere bestmöglich zu nutzen. Ein besonderer Vorteil von XING gegenüber einer beruflich orientierten Homepage ist die Chance, direkt Referenzen einzubinden und somit die eigenen Angaben, Kompetenzen und Stärken quasi in einer objektiven Perspektive zu präsentieren. Dieser Aspekt ist WWW-Selbstmarketing pur und nicht zu unterschätzen. Gleichzeitig hat sich XING zu einem Standard im beruflichen Austausch entwickelt, der dem einer Visitenkarte, natürlich in viel umfangreicherer, modernerer Form, ähnelt. Nicht ohne Grund wird auf Networking-Events und in manchen Stellenanzeigen erwartet, dass man ein XING-Profil hat. Es erleichtert den Austausch via Internet, und ein professionell erstelltes XING-Profil ist gleichzeitig ein eindrucksvoller Beweis Ihrer Medienkompetenz.

Um Ihnen das einmal an einem Beispiel zu verdeutlichen, zeigen wir Ihnen hier das Profil von Lars Lehmann, einem Diplom-Ingenieur, in der Vorher-Nachher-Version.

Kommentar zur schlechten Version des Profils von Lars Lehmann (S. 118 f.)

Ohne Profilfoto löst das Profil bis zu 70 Prozent weniger Interesse an der Person und ihren Daten aus. Allerdings muss so ein Profilfoto wirklich auch sympathisch sein und gut rüberkommen. Der von unserem Ingenieur gewählte Startschuss ist arg verunglückt. Mit so einem Spruch vertreibt man jeden »Besucher«.

Lars Lehmann bietet hier beruflich Irrelevantes und hinterlässt den Eindruck, er wisse nicht, worauf es in seinem Fach wirklich ankommt. Den Unterschied erkennen Sie, wenn Sie sich die verbesserte Form ansehen. Sein beruflicher Werdegang ist unvollständig und wenig informativ. Hier muss schnell auf den Punkt informiert werden und am interessantesten ist, was der Kandidat aktuell macht. Die von ihm getexteten Kommentare bei jeder Station sind unglücklich. Bei der Ausbildung fehlen sämtliche Daten, die Abschlüsse sollten von der Reihenfolge her andersherum präsentiert werden. Auch das Anführen des Hauptschulabschlusses als »bester Schüler« ist völlig verquer, wenn man die aktuelle Position und die berufliche Erfahrung des Kandidaten bedenkt. Gleich zwei Rechtschreibfehler fallen bei den Qualifikationen ins Auge und verstärken den negativen Gesamteindruck. Lars Lehmann schien die Funktion seines XING-Profils nicht bewusst gewesen zu sein, als er sein Engagement für den Tierschutzverein Bremen hier eingetragen hat. Auch seine sechs Interessenfelder könnten nicht schlechter ausgewählt sein. Was für ein unglückliches Bild vermittelt der Kandidat hier von sich!

Kommentar zur verbesserten Version des Profils von Lars Lehmann (S. 120 f.)

Jetzt präsentiert sich unser Kandidat schon sehr viel sympathischer – das freundliche Profilfoto, der vernünftige Spruch, die verbesserte Abfolge seiner Berufsstationen vermitteln einen deutlich positiveren Eindruck. Unter der Rubrik »Ich biete« stehen bessere Keywords und die seltsamen Kommentare bei den beruflichen Stationen sind glücklicherweise nicht mehr vorhanden. Auch die Ausbildungsdaten sind aufgeräumt, der »stolze Hauptschulabschluss« entfernt, ebenso wie das Tierschutzheim-Engagement, das hier unpassend gewirkt hat.

Und zwei neue und etwas konkretere Hobbys oder Interessen wirken so viel sympathischer. Insgesamt ein sehr viel besser gestalteter Auftritt in einer Business-Community.

Wenn Sie tiefer in die Materie »Business-Communities« einsteigen wollen, empfehlen wir Ihnen die Bücher *XING für Einsteiger* von Heinz W. Warnemann und *Karrierebeschleunigung mit LinkedIn* von Michael Rajiv Shah.

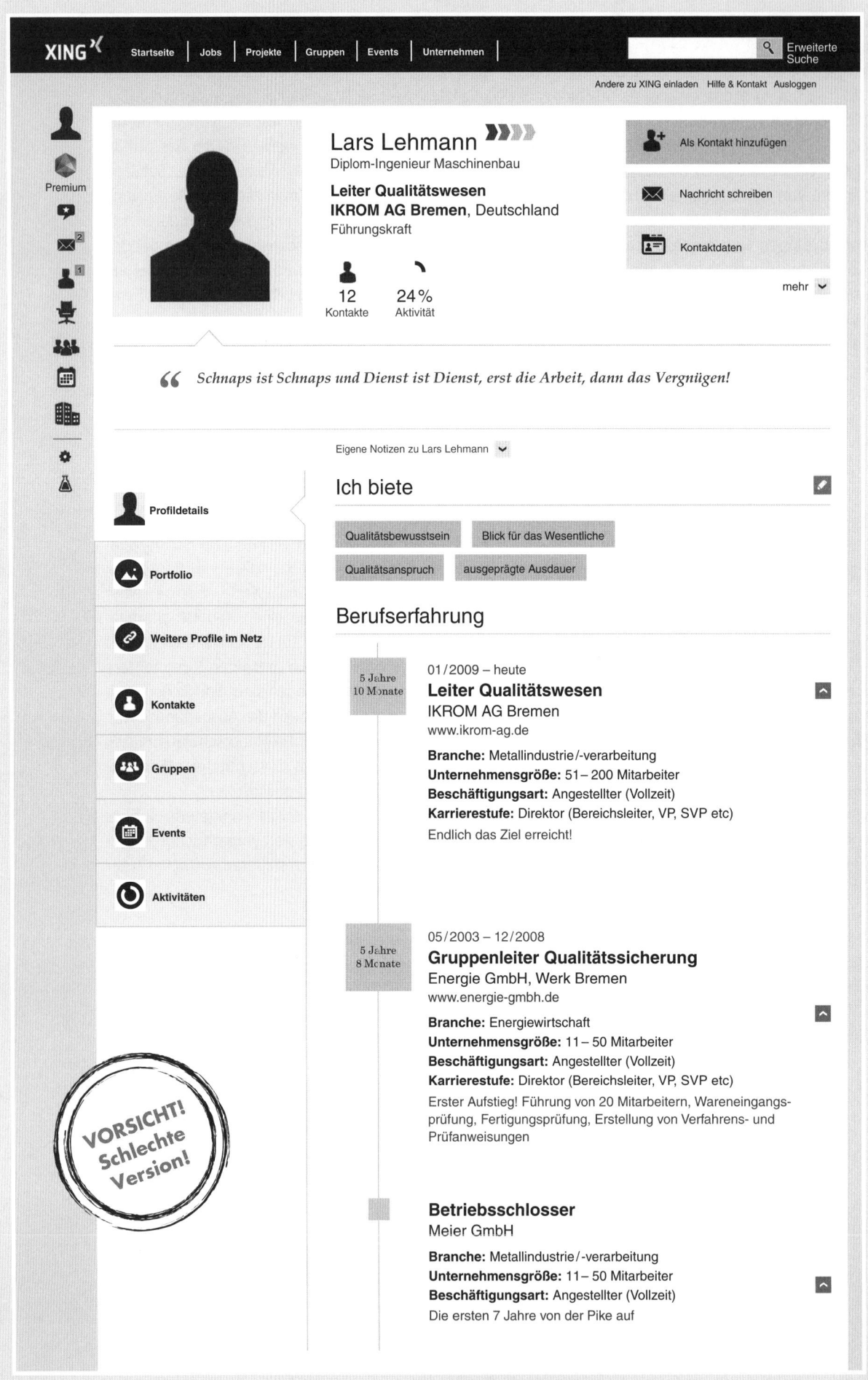

Lars Lehmann / XING-Profil / Schlechte Version (Kommentar Seite 117)

118 | PRÄSENT IM NETZ: BUSINESS-COMMUNITIES, DIE EIGENE HOMEPAGE, FOREN, BLOGS, & CO.

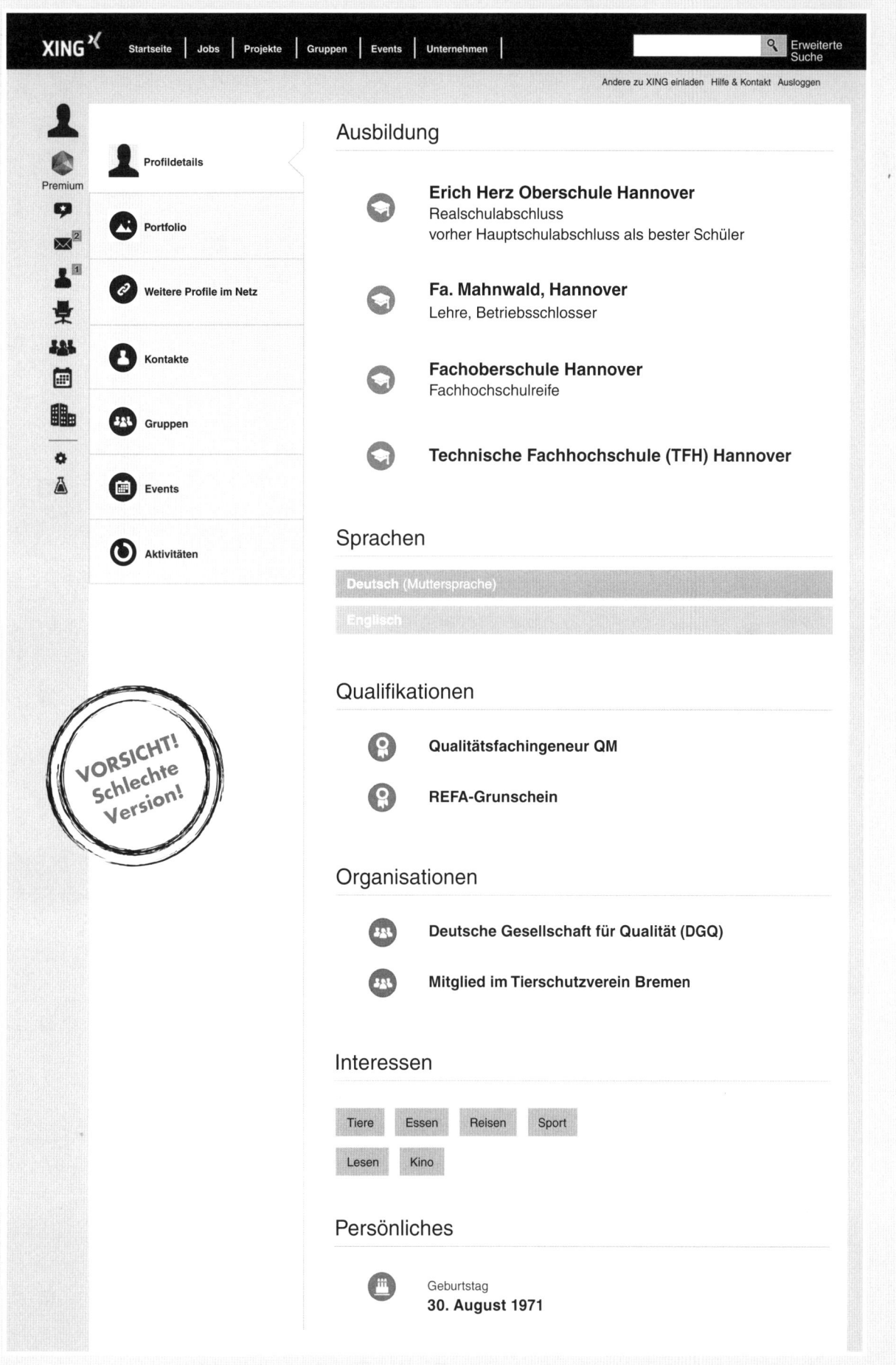

Ausbildung

Erich Herz Oberschule Hannover
Realschulabschluss
vorher Hauptschulabschluss als bester Schüler

Fa. Mahnwald, Hannover
Lehre, Betriebsschlosser

Fachoberschule Hannover
Fachhochschulreife

Technische Fachhochschule (TFH) Hannover

Sprachen

Deutsch (Muttersprache)

Englisch

Qualifikationen

Qualitätsfachingeneur QM

REFA-Grunschein

Organisationen

Deutsche Gesellschaft für Qualität (DGQ)

Mitglied im Tierschutzverein Bremen

Interessen

Tiere   Essen   Reisen   Sport

Lesen   Kino

Persönliches

Geburtstag
30. August 1971

Lars Lehmann / XING-Profil / Schlechte Version (Kommentar Seite 117)

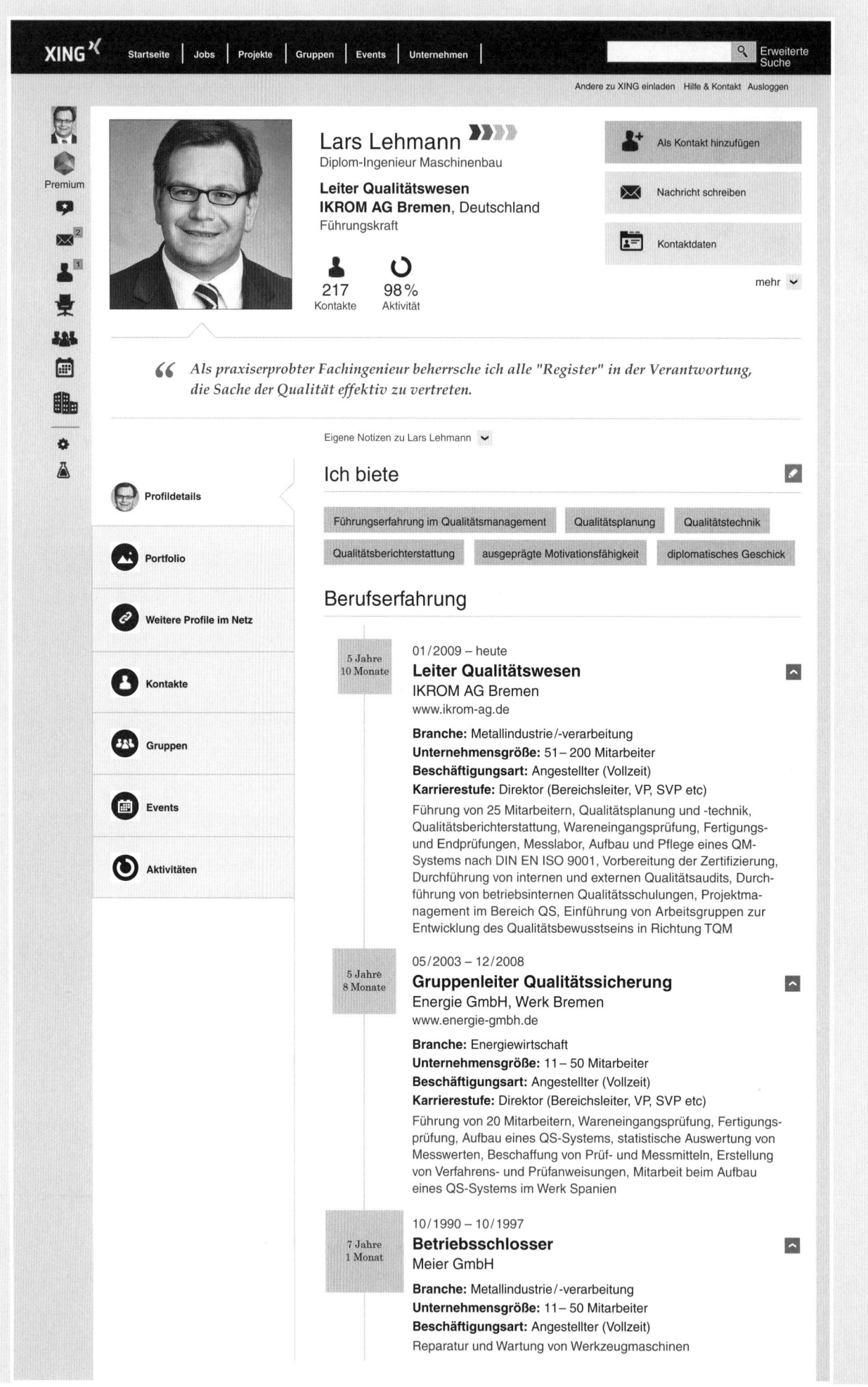

XING

Startseite | Jobs | Projekte | Gruppen | Events | Unternehmen |

Erweiterte Suche

Andere zu XING einladen   Hilfe & Kontakt   Ausloggen

Premium

Lars Lehmann 》》》》
Diplom-Ingenieur Maschinenbau

Leiter Qualitätswesen
IKROM AG Bremen, Deutschland
Führungskraft

Als Kontakt hinzufügen

Nachricht schreiben

Kontaktdaten

mehr

217
Kontakte

98%
Aktivität

" Als praxiserprobter Fachingenieur beherrsche ich alle "Register" in der Verantwortung, die Sache der Qualität effektiv zu vertreten.

Eigene Notizen zu Lars Lehmann

Ich biete

Profildetails

Portfolio

Weitere Profile im Netz

Kontakte

Gruppen

Events

Aktivitäten

Führungserfahrung im Qualitätsmanagement | Qualitätsplanung | Qualitätstechnik

Qualitätsberichterstattung | ausgeprägte Motivationsfähigkeit | diplomatisches Geschick

Berufserfahrung

5 Jahre
10 Monate

01/2009 – heute
Leiter Qualitätswesen
IKROM AG Bremen
www.ikrom-ag.de

Branche: Metallindustrie/-verarbeitung
Unternehmensgröße: 51– 200 Mitarbeiter
Beschäftigungsart: Angestellter (Vollzeit)
Karrierestufe: Direktor (Bereichsleiter, VP, SVP etc)

Führung von 25 Mitarbeitern, Qualitätsplanung und -technik,
Qualitätsberichterstattung, Wareneingangsprüfung, Fertigungs-
und Endprüfungen, Messlabor, Aufbau und Pflege eines QM-
Systems nach DIN EN ISO 9001, Vorbereitung der Zertifizierung,
Durchführung von internen und externen Qualitätsaudits, Durch-
führung von betriebsinternen Qualitätsschulungen, Projektma-
nagement im Bereich QS, Einführung von Arbeitsgruppen zur
Entwicklung des Qualitätsbewusstseins in Richtung TQM

5 Jahre
8 Monate

05/2003 – 12/2008
Gruppenleiter Qualitätssicherung
Energie GmbH, Werk Bremen
www.energie-gmbh.de

Branche: Energiewirtschaft
Unternehmensgröße: 11– 50 Mitarbeiter
Beschäftigungsart: Angestellter (Vollzeit)
Karrierestufe: Direktor (Bereichsleiter, VP, SVP etc)

Führung von 20 Mitarbeitern, Wareneingangsprüfung, Fertigungs-
prüfung, Aufbau eines QS-Systems, statistische Auswertung von
Messwerten, Beschaffung von Prüf- und Messmitteln, Erstellung
von Verfahrens- und Prüfanweisungen, Mitarbeit beim Aufbau
eines QS-Systems im Werk Spanien

7 Jahre
1 Monat

10/1990 – 10/1997
Betriebsschlosser
Meier GmbH

Branche: Metallindustrie/-verarbeitung
Unternehmensgröße: 11– 50 Mitarbeiter
Beschäftigungsart: Angestellter (Vollzeit)
Reparatur und Wartung von Werkzeugmaschinen

Lars Lehmann / XING-Profil / Verbesserte Version (Kommentar Seite 117)

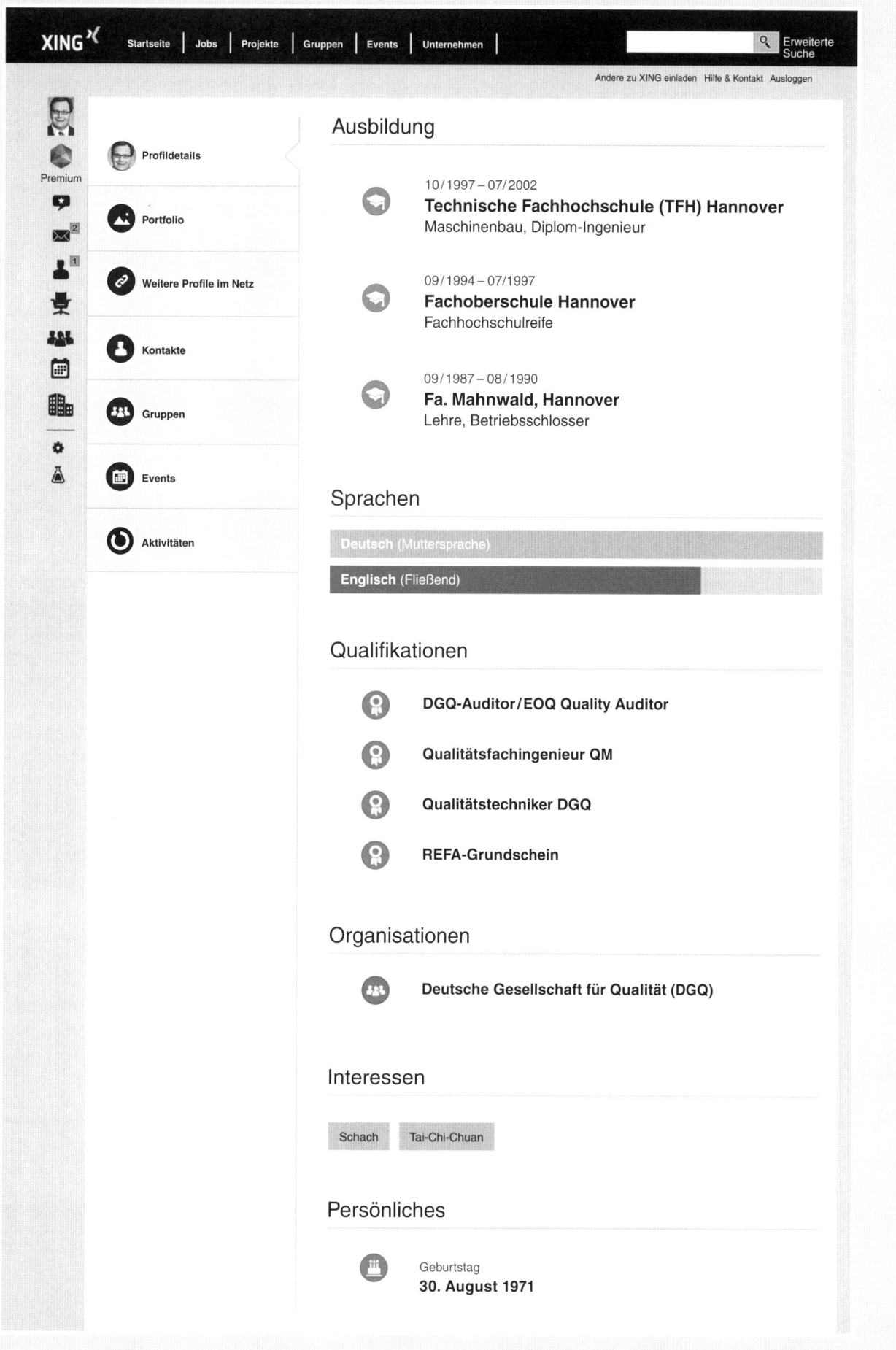

Startseite | Jobs | Projekte | Gruppen | Events | Unternehmen |

Erweiterte Suche

Andere zu XING einladen   Hilfe & Kontakt   Ausloggen

Premium

Profildetails

Portfolio

Weitere Profile im Netz

Kontakte

Gruppen

Events

Aktivitäten

Ausbildung

10/1997 – 07/2002
Technische Fachhochschule (TFH) Hannover
Maschinenbau, Diplom-Ingenieur

09/1994 – 07/1997
Fachoberschule Hannover
Fachhochschulreife

09/1987 – 08/1990
Fa. Mahnwald, Hannover
Lehre, Betriebsschlosser

Sprachen

Deutsch (Muttersprache)

Englisch (Fließend)

Qualifikationen

DGQ-Auditor/EOQ Quality Auditor

Qualitätsfachingenieur QM

Qualitätstechniker DGQ

REFA-Grundschein

Organisationen

Deutsche Gesellschaft für Qualität (DGQ)

Interessen

Schach   Tai-Chi-Chuan

Persönliches

Geburtstag
30. August 1971

Lars Lehmann / XING-Profil / Verbesserte Version (Kommentar Seite 117)

SELBSTDARSTELLUNG: DIE EIGENE HOMEPAGE

Wer sich im Computer- oder Multimediabereich bewirbt, von dem wird eine eigene Webseite fast schon erwartet. Aber auch in der Medien- und Kommunikationsbranche kann eine eigene Seite wichtig sein. Es ist an Ihnen, hier eine realistische Einschätzung zu finden. Was wird erwartet? Generell gilt: Eine für Ihr Vorhaben als Unterstützung konzipierte Homepage sollte auf keinen Fall farblich und inhaltlich überladen sein oder gar mit privaten Urlaubsbildern oder Links zu angeblich lustigen Seiten ausgeschmückt werden. Ihr Ziel ist es, sich prägnant, sehr kompetent, hoch motiviert und absolut sympathisch zu präsentieren (s. auch »KLP«, S. 12).

Nutzen Sie die Internetsuche und finden Sie Homepages, die ebenfalls zu Bewerbungsunterstützungszwecken »gebastelt« worden sind. Schauen Sie sich deren Gestaltung sowie die inhaltlichen Schwerpunkte an.

Eins kann man aber schon vorab sagen: Setzen Sie auf die Sinne. Es geht um Gefühle und Sympathie, die Vertrauen schaffen, aus dem dann Zutrauen (Kompetenzattribuierung) entsteht.

Natürlich bieten wir Ihnen hier keinen Crashkurs zum Thema: »Wie mache ich eine eigene Homepage?« Wichtig ist uns aber, zu vermitteln: Es geht wirklich nicht um viel Text (Bleiwüsten) und Argumente, wie klug Sie sind … es geht darum, die Gefühle Ihrer »Besucher« anzusprechen, Assoziationen zu wecken, ein sympathisches Gefühl entstehen zu lassen.

Technische Realisation

Sie benötigen ein entsprechendes Webeditor-Programm wie z.B. Microsoft Expression Web. Es ist auch möglich, bei Powerpoint oder Word die erzeugten Seiten im Format HTML abzuspeichern, jedoch zeigt dieser Code gewisse Schwächen bei bestimmten Webprogrammen. Abseits davon stellen manche Internetanbieter einfache Webeditoren zusammen mit benutzerfreundlichen Onlinebaukästen zur Verfügung, die beim Kauf der Internetadresse kostenlos genutzt werden können. Die meisten Internetprovider bieten übrigens eigene Homepages als kostengünstigen Service für ihre Kunden an. Wenn Ihnen die grafische Gestaltung und technische Umsetzung Ihrer Homepage zu viel Mühe macht und das Ergebnis vermutlich eher laienhaft wäre, lohnt es sich in jedem Fall, einen professionellen Webdesigner zu beauftragen. Zeitaufwand und Kosten bewegen sich von weniger als einen halben Tag bis hin zu mehreren Wochen, je nach Aufwand, den Sie betreiben

wollen, was die technische Seite betrifft. Zu den Kosten: Sie können Ihre Homepage selbst erstellen und quasi kein Geld investieren oder von etwa 100 bis hin zu einigen Tausend Euro zahlen. Ein breites Feld, aber schon mit geringem Zeit- und Kostenaufwand sehr lohnend.

Gehen Sie auf Nummer sicher

Testen Sie Ihre Seiten auf unterschiedlichen Computern, mit verschiedenen Webbrowsern und unterschiedlichen Bildschirmauflösungen. Nur so können Sie wissen, dass Ihre Homepage auch wirklich fehlerfrei online gehen kann.

Inhaltliche Umsetzung

Zu den Inhalten einer Homepage gehören: eine Kurzvorstellung der eigenen Person mit den wichtigsten Daten, ein Lebenslauf, den man dann auch direkt ausdrucken kann, sowie ausgewählte Zeugnisse und eventuell Arbeitsproben (Fotos). Selbstverständlich können Sie sensible Daten wie Zeugnisse oder Arbeitsproben durch ein Passwort geschützt nur einer speziellen Personengruppe zugänglich machen. Das von Ihnen bestimmte Passwort übermitteln Sie dann einfach zusammen mit Ihren schriftlichen Bewerbungsunterlagen oder beim telefonischen Kontakt im Laufe einer Initiativbewerbung. Überlegen Sie sich gut, ob Sie aufwendige Animationen oder umfangreiche multimediale Inhalte in Ihre Seite integrieren wollen. Das kostet die Besucher oft unnötig viel Zeit. Verwenden Sie ein Layout, das den Erwartungen Ihrer Zielgruppe entspricht und trotzdem Ihre eigene Persönlichkeit angemessen präsentiert.

Domainname

Die beste Variante ist eine Webadresse, die den eigenen Namen enthält, also z.B. www.sandra-schelling.de für eine Homepage von Sandra Schelling. Welche Namen mit dem Abschlusskürzel »de« noch nicht vergeben sind, erfahren Sie unter www.denic.de.

Sechs Regeln für die perfekte Homepage

1. Weniger ist mehr. Versuchen Sie, nicht durch eine auffällige grafische Gestaltung, sondern durch eine zweckmäßige und trotzdem kreative Präsentation aufzufallen.

2. Stellen Sie wichtige inhaltliche Punkte auch gut sichtbar sowie leicht erreichbar in den Vordergrund.

3. Vergessen Sie nicht, etwas über Ihre Persönlichkeit zu kommunizieren, und vermeiden Sie Links zu zweifelhaften Internetseiten.

4. Auch Ihre direkten Kontaktmöglichkeiten sollten stets leicht auffindbar sein.

5. Achten Sie auf Metatags, damit Ihre Homepage auch von den Suchmaschinen möglichst gut gefunden wird (weitere Infos unter: www.suchfibel.de).

6. Halten Sie die Daten und die Gestaltung Ihrer Homepage stets auf dem aktuellen Stand.

Ein ganz besonderer Hingucker

Schauen Sie sich mal die englischsprachige Seite about.me (https://about.me) an. Mit Ihrem QR-Code (s. S. 124) könnten Sie den Leser und Empfänger Ihrer Unterlagen auch direkt auf diese Seite führen und sich in solch einer ausgeklügelten und anspruchsvollen Weise präsentieren und auch noch weiterleiten auf Facebook, Twitter etc. – ganz wie Sie wollen. Irgendwann, wenn's jeder Dritte macht, wird's uninteressant. Aber aktuell macht es nicht einmal jeder Tausendste!

Auf den Punkt gebracht

Ihre eigene Website ist eine sehr intelligente Möglichkeit, sich zu präsentieren. Die Entscheider erfahren mehr über Sie, und bei einer gut gemachten Präsentation heben Sie sich positiv von Ihren Mitbewerbern ab. In Ihren schriftlichen Bewerbungsunterlagen weisen Sie entsprechend auf Ihre Seite im Internet hin. Schnellster Zugriff: ein QR-Code (s. S. 124). Und wenn Sie in den engeren Kreis potenziell einzuladender Kandidaten kommen (aufgrund Ihrer überzeugenden schriftlichen Unterlagen), wird man sich ganz sicher auch Ihre Website anschauen. Hier können Sie übrigens auch durch ein Passwort geschützt für potenzielle Auftrags- oder Arbeitgeber weitere Infos zu Ihrer Berufsvita anbieten, die nicht gleich jedermann zugänglich gemacht werden sollten.

Machen Sie Ihre Homepage auch in Business-Communities, z. B. XING oder LinkedIn, bekannt. Verlinken Sie von diesen Profilen direkt auf Ihre Seite. Selbst Ihr Twitter- oder Google+-Profil kann auf Ihre Bewerbungshomepage verlinken. Auf diese Weise erhöhen Sie die Chance, dass Ihre Bewerbungshomepage gefunden bzw. besucht wird.

Bewerbungshomepage I Sandra Schelling

Sandra Schelling
Beruflicher Hintergrund
Ausbildung
Besondere Kenntnisse
Philosophie
Ich über mich
Download

Sandra Schelling

Willkommen auf meiner Bewerbungshomepage, auf der Sie Informationen über mich und meine beruflichen Fähigkeiten finden. Zögern Sie nicht mich persönlich zu kontaktieren. Ich freue mich über Ihren Anruf oder Ihre E-Mail.

Anschrift
Ferdinand von Schill Str. 2
10231 Berlin

Geburtsdatum
30.06.1983

Kontakt
+49 30 2159442
s.schelling@gmx.de

@email I impressum

HINFÜHREN: QR-CODE, IHRE ZUGANGSEMPFEHLUNG

QR steht für Quick Response (schnelle Antwort) und ist ein zweidimensionaler Zeichencode, der in den Neunzigerjahren in Japan entwickelt wurde.

Er verbindet Sie sekundenschnell mit einer Internetadresse, auf der der Ersteller dieses Codes für Sie spezielle Botschaften hinterlegt hat. Das können Sie auch für den Empfänger Ihrer Unterlagen einrichten und damit schnell auf Ihre Internetseite führen.

Unter dem Stichwort »QR Generator« finden Sie im Internet verschiedene Angebote, die Ihnen eine solche Verbindungsmöglichkeit herstellen, u.a.

www.qrcode-generator.de. Die Verwendung des QR-Codes ist übrigens lizenz- und kostenfrei. Ein QR-Code ist in nur 30 Sekunden erstellt und kann einfach per Copy & Paste in die eigene Webseite und später in die eigenen Bewerbungsunterlagen eingefügt werden.

Und selbst wenn dieses Angebot in Ihren Bewerbungsunterlagen noch nicht so häufig von Ihren Empfängern genutzt wird: Der Effekt, den Sie damit kreieren, ist nicht zu unterschätzen!

Ergo: Interessant und imageprägend ist ein QR-Code mit dem direkten Link zur Bewerbungshomepage, zum Profil auf einer Business-Community oder zu digitalen Arbeitsproben auf einer Visitenkarte, einer Profilcard oder einem Bewerbungsflyer. Auf diese Weise kann der Empfänger sehr schnell und unkompliziert umfangreiche berufliche Informationen von Ihnen erhalten und sieht, dass Sie sich technisch auskennen …

PRÄSENTIEREN: POWERPOINT

Wann empfiehlt sich eine Bewerbung mit Powerpoint? Man kann mit dieser eher ungewöhnlichen Bewerbung besonders dann punkten, wenn für den entsprechenden Arbeitsplatz gute Powerpoint-Kenntnisse erforderlich sind. Aber auch bei Arbeitsplätzen, die allgemein eine sichere mediale Selbstdarstellung voraussetzen, kann eine Bewerbung in Form einer Powerpoint-Präsentation sinnvoll sein.

Die Gestaltung
Gestalten Sie entsprechend den Erwartungen der Zielgruppe eine kompetente und gleichzeitig unaufdringliche Selbstpräsentation. Ein besonderer Kniff kann die Verwendung der Hausfarben oder des Firmenlogos sein, das Sie dezent in Ihre Präsentation einbauen. Stellen Sie auch die richtige Präsentationsdauer pro Folie ein und testen Sie die Zeiteinstellungen der Folienübergänge im Freundeskreis. Zeigen Sie sich kompetent im Umgang mit Powerpoint, ohne dabei den Bogen zu überspannen: Stellen Sie technische Spielereien nicht zwanghaft in den Vordergrund, denn nicht alles, was technisch machbar ist, muss auch wirklich zu Ihrer Präsentation passen. Benutzen Sie nur die Animationen, Grafikeffekte oder Soundoptionen, die Ihre Botschaft unterstüt-

zen und diese nicht gnadenlos überdecken. Viel wichtiger ist eine fesselnde Dramaturgie – ein überraschender Start, der in einen spannenden Mittelteil übergeht, und ein Ende mit einem überraschenden Paukenschlag. Zugegeben, alles ist leichter gesagt als getan! Machen Sie sich bewusst, dass bei Bewerbungen im Design- und Grafikbereich sicherlich höhere Anforderungen an die gestalterischen und technischen Fähigkeiten gestellt werden als in anderen Bereichen.

Format und Umfang
Eine Präsentation in Powerpoint kann technisch »verpackt bzw. eingepackt« werden, sodass der Empfänger nicht unbedingt das entsprechende Office-Programm der Firma Microsoft benötigt. Hier gilt es, bei Bedarf Expertenrat einzuholen, um auch wirklich alle sinnvollen Möglichkeiten von Powerpoint zu nutzen. Ein Versand Ihrer Präsentation per E-Mail darf nicht die üblichen Größen von etwa 2 – 3 Megabyte überschreiten.

Unter *www.berufsstrategie-plus.de* finden Sie ein Beispiel für eine Powerpoint-Bewerbung.

INSZENIEREN: VIDEOBEWERBUNG

Selbstmarketing in bewegten Bildern – ein Bewerbungs- und/oder Imagevideo ist hierfür der passende Weg. Denken Sie an einen Werbespot, der in wenigen Sekunden wichtige Informationen eindrucksvoll vermittelt. Ein solches Video muss nicht zwangsweise hochgradig professionellen Filmstandards im Hollywood-Stil entsprechen. Wichtiger ist die prägnante, zielgruppengerechte (z. B. bei Bankern anders als in der Kreativbranche) Vermittlung Ihres Profils, wobei auch hier wieder die Erfolgsfaktoren Kompetenz, Leistungsmotivation und Persönlichkeit (KLP, s. S. 12) wichtig sind. Dieses Imagevideo können Sie dann auf XING, LinkedIn oder Ihrer Bewerbungshomepage einstellen bzw. es damit verbinden und der Öffentlichkeit allgemein oder auch nur einem begrenzten Kreis, den Sie bestimmen, zugänglich machen. Natürlich können Sie auch in Ihren Bewerbungsunterlagen direkt darauf verweisen.

So wie Unternehmen auf ihren virtuellen Karriereportalen mit Videos für sich werben, können Sie als Bewerber das natürlich auch: mit einem kurzen, professionellen Bewerbungsvideo, das neugierig macht. Ein Hauptbeweggrund für die Einstellung eines Kandidaten sind neben seiner fachlichen Qualifikation seine viel beschworenen Soft Skills (also alles, was zwischenmenschlich notwendig ist, um in einem Unternehmen mit anderen Mitarbeitern gemeinsam erfolgreich zu sein). Da geht es um Sympathie, Vertrauen und schließlich Zutrauen. Wenn schon das Foto auf einer Bewerbung für Personaler absolut wichtig ist – wie viel mehr können Sie durch ein ganzes Video erreichen! Mit einer guten Vorbereitung haben Sie es in der Hand, einen Personaler von sich zu überzeugen. Eine aufrechte Körperhaltung, ein direkter offener Blick, ein Lächeln, seriöse Kleidung, ein geeigneter Hintergrund und ein Text, der in 30 Sekunden bis maximal zwei Minuten auf den Punkt bringt, weswegen Sie die beste Wahl sind, zeigen Ihr Engagement, Ihr Auftreten und Ihre Überzeugungskraft.

Amerikanische Bewerber, die die Videoplattform YouTube für ihre Karrieregestaltung nutzten, haben weltweit Nachahmer gefunden. Die Videobewerbung wird bei Unternehmen immer beliebter. Von Vorteil ist außerdem, dass man Videobotschaften auch in sein Profil auf Business-Communities integrieren kann.

Natürlich gehört die Videobewerbung zu den neueren und hierzulande noch eher selten verwendeten Bewerbungsformen. In kreativen Branchen wird sie bereits häufiger eingesetzt als in eher konservativen Geschäftsfeldern. Aber es gibt bereits einige Internetplattformen, die Privatvideos zu den unterschiedlichsten Themen sammeln und verwalten wie z. B.:

- www.youtube.de
- www.myvideo.de
- www.myspace.com

Eine Videobewerbung muss kurz (besser 30 Sekunden als 3 Minuten!), sehr informativ und möglichst spannend sein, schon allein durch die Machart die (job-)relevanten Facetten des Bewerbers zeigen, auf langatmige Einleitungen verzichten und die Verbindung zwischen potenziellem Arbeitgeber und Bewerber begründen. In Amerika gibt es bereits viele Agenturen und hier in Deutschland entstehen gerade erste professionelle Anbieter, die sich darauf spezialisieren, diese Art der Selbstpräsentation und (Be-) Werbung auf Wunsch mit potenziellen Arbeitsplatzanbietern zu verlinken. Dabei kann die Videobewerbungsvariante aber sicherlich immer nur ein Teil Ihrer vollständigen Bewerbung inklusive schriftlicher Unterlagen sein.

Im Internet findet man Dienstleister, die die professionelle Gestaltung eines solchen Videos anbieten. Wer sich die Umsetzung selbst zutraut, bekommt technische Unterstützung in Gestalt der Software der Firma CVone (*www.gocvone.com*). Laut Aussage des Erfinders Steve Riedel verkürzt eine Videobewerbung den Entscheidungsprozess um 50 bis 80 Prozent.

Die Software ist in drei Teile gegliedert. In einem ersten Teil erhält der Bewerber die Möglichkeit, seine Unterlagen hochzuladen. Sie können später vom Personaler ausgedruckt werden. Für die eigentliche Bewerbung steht dem Bewerber ein Textfeld zur Verfügung, in dem er den Text, den er sprechen möchte, verfassen kann. Über seine eigene Webcam oder eine Webcam der Firma kann er seine Bewerbung filmen, sooft er möchte. Eine große Erleichterung ist hierbei der integrierte Teleprompter, von dem man den selbst verfassten Text ablesen kann. Die Besonderheit: Man kann bis zu zehn Videos mit bis zu fünf Minuten Länge (was nicht zu empfehlen wäre, weil zu lang!) aufnehmen und sie nach Themen betiteln (»Meine berufliche Laufbahn«, »Meine Auslandserfahrungen«, »Meine Interessen«). Nach der Aufnahme bietet die Software alle nötigen Werkzeuge zur Videobearbeitung inklusive verschiedener Layouts für die Bewerbung an. Ein Import eines externen Videos ist natürlich ebenso gut möglich.

Nicht zu vergessen: Ihre Chance bei YouTube. Hier kann man unkompliziert sein Bewerbungsvideo hochladen und anderen bekannt machen. Bereits erfolgreiche Beispiele zeigen: Ob konservativ oder innovativ – wichtig ist, dass das Video zur Zielgruppe, also den bevorzugten Arbeitsplatzanbietern, passt und das eigene Profil sympathisch und interessant präsentiert wird.

SKYPEN: VORSTELLUNGSGESPRÄCH PER WEBCAM

Ein relativ neuer und noch ungewöhnlicher Bewerbungsweg kann nach erfolgreichem Versand Ihrer Bewerbungsunterlagen folgen: Das Vorstellungsgespräch per Webcam. Insbesondere wenn zwischen Firma und Bewerber eine große geografische Distanz liegt, lässt sich auf diese Weise Zeit und Geld sparen, um einen ersten audiovisuellen Eindruck vom Kandidaten zu bekommen. Meistert er auch diese Hürde, folgt die Einladung zu einem klassischen Vorstellungsgespräch, direkt vor Ort in der Firma.

Worauf muss man als Bewerber bei solchen Gesprächen achten? Zunächst einmal sind da die technischen Voraussetzungen: Sorgen Sie für eine stabile, schnelle Internetverbindung und verwenden Sie die aktuellste Software, z. B. die neuste Skype-Version. Testen Sie im Freundeskreis die Audio- und Bildqualität. Wichtig ist auch, einen neutralen Bildhintergrund zu wählen und in passender Kleidung nicht zu nah, aber auch nicht zu weit vor der Kamera seinen Platz zu finden. Zum vereinbarten Gesprächstermin sollten Sie Ihre Bewerbungsunterlagen zur Hand haben und in Ruhe sprechen können, also nicht durch Mitbewohner oder Telefonanrufe unterbrochen werden. Inhaltlich gibt es keine großen Unterschiede zum traditionellen Vorstellungsgespräch, bis auf die noch ungewohnte Form. Bisweilen werden Sie auch in die Firma eingeladen und führen von dort aus diese Art des Vorstellungsgespräches z. B. mit der Firmenzentrale im Ausland.

Unser Tipp: Bereiten Sie vorab klare, prägnante Statements zu Ihrer Kompetenz und Leistungsmotivation vor, z. B. wichtige berufliche Stationen und Ausbildungen. Hinzu kommt, dass man Ihre Persönlichkeit näher kennenlernen will, dass also Ihre Soft Skills, Ihre Körpersprache und natürlich auch Hobbys von Interesse sein können. Nach dem Gespräch ist eine kleine Danksagung per E-Mail ratsam, bei der man sich gleichzeitig auch über den weiteren Ablauf erkundigen kann.

BLOGGEN: WEBLOGS ALS KARRIEREBESCHLEUNIGER

Weblogs oder Blogs sind eine neue Form der Selbstdarstellung im Internet, auch in Bezug auf berufliche Kompetenzen. Der Begriff stammt aus dem Englischen und tauchte zum ersten Mal auf der Website von Jorn Barger auf. Er setzt sich zusammen aus Teilen der Wörter, die sein Wesen charakterisieren – »Web« als Teil des World Wide Web, und »Log« von »Logbuch«. Ein Weblog ist also ein Logbuch, ein öffentliches Tagebuch im Internet. Gängiger als der seit 1997 gebräuchliche Begriff Weblog ist mittlerweile seine Abkürzung Blog. Die Verfasser dieser Blogs, die Blogger, äußern in dieser Art »öffentlicher Tagebücher« ihre Gedanken zu einem bestimmten und idealerweise einzigen Thema – sei es aus ihrem Alltag, zu einem politischen oder zu einem gesellschaftlichen Thema. Im Unterschied zu einem Internetforum beschränkt sich die Aktivität des Lesers eines Blogs lediglich auf eine Kommentarfunktion. Der Blogger steht im Vordergrund und prägt mit seiner Schreibe »seinen« Blog.

Ein Blog kann neben anderen, eher traditionellen Bewerbungsaktivitäten durchaus ein wichtiger Karrierebeschleunigungsfaktor sein. Beruflicher Erfolg fällt aber auch im Internetzeitalter nicht einfach vom Himmel, weshalb wir Ihnen einen 3-Phasen-Plan vorschlagen. Lassen Sie uns hierzu ein Bild aus der Landwirtschaft verwenden: Nur eine gute Saat (1. Phase), die gehegt und gepflegt wird (2. Phase), kann irgendwann eine gute Ernte ermöglichen (3. Phase).

Wenn Sie einen Blog zu Karrierezwecken nutzen möchten, sollten Sie zunächst Ihr berufliches Profil und Ihre beruflichen Stärken analysieren. Worin sind Sie besonders gut? Auf welche beruflichen Erfolge sind Sie zu Recht stolz? Die meisten Menschen haben sich in ihrer Firma bzw. im Laufe ihrer beruflichen Entwicklung auf einen ganz konkreten Aufgabenbereich, ein spezielles Themengebiet konzentriert und gelten hier zunehmend als Spezialist. Warum präsentieren sie ihre Kompetenzen dann nicht auch im Internet, in einem eigenen Blog? Kommentieren Sie aktuelle Branchentrends und zeigen Sie eine seriöse, kritische Auseinandersetzung mit Ihren beruflichen Spezialthemen! Veröffentlichen Sie interessant formulierte Fachartikel, bei denen der Leser merkt: Hier schreibt jemand vom Fach. Dies ist dann die erste Phase; hiermit legen Sie erfolgreich die Saat. Ein Beispiel: Wenn Sie als Autoverkäufer arbeiten und durch Ihre vielen, internationalen Reisen die unterschiedlichsten Verkäufermentalitäten und deren Erfolgsgeheimnisse kennengelernt haben, so können diese Informationen eine interessante und unterhaltsame Mischung für Inhalte Ihres Blogs werden, der wiederum gerne von Kollegen (aber eben nicht nur) gelesen wird.

Es folgt, um beim Bild zu bleiben, die zweite Phase, in der die Saat gehegt und gepflegt werden muss. Hiermit ist beim Blog gemeint, dass Sie mehr und mehr Internetnutzer auf Ihre Seite und somit auf Ihr Fachwissen aufmerksam machen sollten. Verlinken Sie Ihren Blog mit berufsspezifischen Branchenportalen, machen Sie Ihre Kontakte auf Ihren Blog aufmerksam. Integrieren Sie die Adresse Ihres Blogs auf Ihrer Profilseite bei XING oder anderen Businessportalen. Schreiben Sie gelegentlich einen Gastbeitrag bei einem Blogkollegen, in einem Diskussionsforum oder Expertenportal. Erhöhen Sie somit die öffentliche Aufmerksamkeit und sorgen Sie proaktiv für die Verbreitung Ihrer Fachkompetenz.

Erst im dritten Schritt kommt die Erntezeit bzw. erst jetzt wird Ihr Blog zum eigentlichen Marketing-, PR- und (Be-)Werbungsinstrument. Sie haben Ihr Spezialwissen mit fachlich fundierten Artikeln im Internet präsentiert und sich eine interessierte Fangemeinde aufgebaut? Nun gilt es, diesen Faktor Ihrer beruflichen Reputation auf den konkreten Auftragsgenerierungs- oder Bewerbungsprozess zu übertragen. Wenn Sie also eine E-Mail-Bewerbung versenden, so fügen Sie die Blogadresse am Ende der E-Mail-Signatur ein. Dies gilt ebenso bei Bewerbungen auf Firmenhomepages, sofern es die Onlineformulare erlauben. Integrieren Sie generell Ihren Blog in möglichst viele Ihrer Eigenmarketing- und PR-Aktivitäten oder bei klassischen Bewerbungen z. B. in Ihren Lebenslauf oder die Dritte Seite. Wenn man Sie beim Vorabtelefonat oder im Vorstellungsgespräch nach Ihren Stärken, nach Ihren Spezialkenntnissen oder Interessen und Ihrem Engagement fragt, so ist Ihr Blog ein ganz besonders authentisches und glaubwürdiges Argument.

Fazit: Ein sorgfältig aufgebauter Blog ist nicht als alleiniges Bewerbungsinstrument zu verwenden, aber als sinnvolle, vertrauenswürdige Unterstützung Ihrer generellen Bewerbungsaktivitäten kaum zu toppen.

Online-Bewerbung

ÜBERBLICK: ONLINE-BEWERBUNGSFORMULARE

Viele Großunternehmen verlangen von Ihren Bewerbern, sich auf firmeneigenen Formularen online zu bewerben. Hintergrund dafür ist ein Rationalisierungsgedanke – man versucht, die Personalabteilung zu entlasten durch ein digitales Auswahlverfahren, das nach vorher festgelegten (aber nicht veröffentlichten) Kriterien (wie Alter, Ausbildungsdauer, Notendurchschnitt, Arbeitsplatzwechsel und Verweildauer bei einem Arbeitgeber, Auslandsaufenthalte etc.) schnell die angeblich interessanten von den weniger interessanten Bewerbern unterscheidet.

Neben Rubriken, welche die Lebensdaten abfragen, gibt es meist auch Textfelder, die Platz für eigene Formulierungen zulassen. Einfache Formulare stehen oft »pro forma« auf den Webseiten. Sie sollen dem interessierten Besucher signalisieren, dem Unternehmen ginge es wirtschaftlich so gut, dass es offen für neue Mitarbeiter ist und potenziell expandieren wolle. Mit tatsächlich vorhandenen Jobs hat das oft wenig zu tun.

Komplexe Bewerbungsformulare mit mehr als »3 Seiten« sind hingegen speziell entwickelt worden und berücksichtigen personalstrategische Gesichtspunkte. Wenn Sie ein solches Onlineformular ausfüllen, können Sie sicher sein, dass es auch bearbeitet wird. Ob das voll- oder teilautomatisch geschieht, bleibt offen. Je schneller Sie eine Absage bekommen, desto wahrscheinlicher ist ein automatisches, digitales Auswahlverfahren, das aufgrund eines oder mehrerer Datenabgleichungen (z. B. Alter, Bildungsabschlüsse, Notendurchschnitt, Arbeitsplatzwechsel-Häufigkeit, sportliche Hobbys) entscheidet, ob Sie für das Unternehmen als potenzieller Mitarbeiter interessant sind oder nicht.

Unser Tipp: Bewerben Sie sich auf diesem Weg nur dann, wenn Sie auch den Eindruck haben, dass die Firma ernsthaft an Ihrer Online-Bewerbung interessiert ist. Ein sicheres Zeichen dafür ist eine Annonce, die direkt mit einem Onlineformular verknüpft ist.

Lassen Sie sich auf keinen Fall vom Umfang der Eingabeformulare abschrecken. Auch wenn die verlangten Informationen nahezu endlos erscheinen, müssen Sie diese Fleißaufgabe absolvieren (erste Prüfung: Haben Sie Geduld und Durchhaltevermögen?). Natürlich macht auch hierbei Übung den Meister und Sie werden sehen, dass Onlineformulare für Sie bald kein großes Hindernis mehr darstellen.

Sie kennen das Phänomen: Es gibt sehr leicht verständliche Computerprogramme und leider auch unglaublich komplizierte Anwendungen. Dies gilt in gleicher Weise für Onlineformulare auf Firmenhomepages. Lesen Sie sich deshalb alle vorhandenen Hilfe-Texte und Erläuterungen genau durch. Gute Onlineformulare erklären bestimmte Fachbegriffe und geben Beispiele, was unter bestimmten Abstufungen, z. B. »guten« Fremdsprachenkenntnissen, zu verstehen ist.

Übrigens: Bei Bewerbungsformularen von größeren Konzernen werden die Bewerbungen oftmals in einem Kandidaten-Pool gespeichert, auf den auch andere, mit dem Konzern verbundene Firmen Zugriff haben. Dies steigert dann Ihre generellen Chancen, ein Angebot zu erhalten, selbst wenn es mit dem eigentlich ins Auge gefassten bei der Wunschfirma auf Anhieb nicht klappt.

Aufgerufen: Alle relevanten Themen

Jetzt zu den wichtigsten Themen und Hintergründen, die in Online-Bewerbungsformularen von Ihnen erfragt werden.

Beruflicher Hintergrund

Abseits der anfänglichen Anmelde-Formulare sind natürlich die berufsbezogenen Fragen von besonderem Interesse. Diese wurden für konkrete Stellenprofile entwickelt und berücksichtigen personalstrategische Gesichtspunkte, wie z. B. das Vorliegen eines speziellen Ausbildungshintergrundes, bestimmter Fachkompetenzen oder relevanter Praxiserfahrungen. Beachten Sie bei der Dateneingabe, dass hierbei vielleicht auch branchenspezifische Formulierungen oder Redewendungen erwartet werden. So kann die Verwendung von bestimmten Schlüsselbegriffen oder Fachwörtern wichtige Zusatzpunkte einbringen.

Beachten Sie auch beim Ausfüllen eines Onlineformulars die bereits bekannten Erfolgsfaktoren: Kompetenz, Leistungsmotivation und Persönlichkeit (KLP). Zeigt sich Ihre Kompetenz in einer bestimmten Ausbildung, dann sollte dieser Punkt entsprechend gewürdigt werden. Wird Ihre Leistungsmotivation vor allem an Ihren Erfolgen sichtbar, dann gilt es, diesen Aspekt ins rechte Licht zu rücken.

Und schätzt man Ihre Teamfähigkeit nicht nur im Job, sondern auch im Fußballverein, nun dann gehört dies ebenso authentisch und prägnant formuliert zu Ihrem Profil. Wichtig ist, dass am Ende eine klare Botschaft, z. B. »Ich bin ein vielseitig einsetzbares, routiniertes Organisationstalent«, sichtbar wird und Ihre Angaben ein stimmiges Gesamtbild ergeben.

Überlegen Sie vorab, welches Kommunikationsziel Sie verfolgen und welche Formulierungen, welche Stationen Ihres Lebenslaufs hierzu wirklich passen. Gerade bei den freien Textfeldern haben Sie dann die Chance, Ihre Persönlichkeit etwas individueller, beispielsweise durch interessante Überschriften oder prägnante Zusammenfassungen, zu präsentieren.

Hinweise zur Eingabe von Fachkompetenzen und speziellen Fähigkeiten

Ein Großteil von Online-Bewerbungsverfahren fordert Sie dazu auf, Aussagen über Fachkompetenzen und spezielle Fähigkeiten zu treffen. In vielen Fällen wird Ihnen ein Stichwortkatalog mit diversen Themengebieten angezeigt und zu jedem Stichwort sollen Sie Einschätzungen zu Ihren Kenntnissen und Erfahrungen abgeben.

Lassen Sie sich nicht von der großen Masse an Eingabemöglichkeiten abschrecken, sondern suchen Sie gezielt nach Ihren Kernkompetenzen, zu denen Sie eine klare Aussage machen möchten und können. Lassen Sie Abfragefelder ggf. auch einfach mal aus, wenn dies möglich ist. Manchmal hilft auch der Hinweis »Keine Angaben« oder »Dazu mehr Infos im persönlichen Gespräch«, um das Feld nicht leer zu lassen und weiterzukommen.

Bei einem Telekommunikationsunternehmen sollte man Aussagen über 185 persönliche Kompetenzen treffen und sogar noch eigene Kompetenzen hinzufügen. Solche Abfrage-Exzesse lassen jedoch nach, es wird langsam umgedacht. Immer mehr Bewerber haben einfach aufgegeben und sich dem Wust von unsinnigen Fragen verweigert.

Textfelder und Dateianhänge

Häufig werden in Bewerbungsformularen Fragen wie »Warum bewerben Sie sich bei uns?« gestellt. Hier sind Kreativität und Formulierungsgeschick gefragt. Lassen Sie sich etwas Besseres einfallen als »weil ich arbeitslos bin« oder »weil es ein toller Job ist, der viel Geld bringt«. Recherchieren Sie, welche Philosophie die Firma hat, und passen Sie Ihre Antwort entsprechend an – ohne sich anzubiedern.

Eine richtige Mischung aus »angepasstem« Ausfüllen und individueller Präsentation ist zu empfehlen. So können Sie Ihre eigene Persönlichkeit für andere schnell und gut erkennbar werden lassen. Teilweise können Sie auch Ihre eigenen Dokumente hochladen. Dies ist Ihre Chance, sich abseits von standardisierten Eingabemasken individuell zu präsentieren.

Bevor Sie solche Textfelder ausfüllen, überlegen Sie sich gut, was Sie schreiben. Am besten formulieren Sie zunächst einen Text in einer separaten Datei, den Sie anschließend in die Felder des Formulars kopieren. Wichtig: Bleiben Sie stets kurz und prägnant. Wer zu viel schreibt, fällt unangenehm auf!

Um den Überblick zu behalten, was Sie geschrieben haben, ist es ratsam, sich alle Angaben zu ko-

IRRTÜMER

Die 7 größten Irrtümer beim Online-Bewerben

Anzunehmen,

1. … der Empfänger Ihrer E-Bewerbungsunterlagen würde sich viel Zeit nehmen, sich intensiv damit beschäftigen und alles ganz genau lesen.
2. … das Computerauswahlprogramm könne erkennen, welches Potenzial Sie bieten.
3. … ein Onlineformular auszufüllen, sei einfach und ginge schnell.
4. … nur die besten Bewerber hätten eine Chance, eingeladen zu werden.
5. … im Anzeigentext sei das, was da steht, auch wirklich genau so gemeint.
6. … wenn man Fragen hätte, sollte man diese besser nicht vorab stellen.
7. … man müsse sich beim Ausfüllen eines Onlineformulars weniger Mühe machen als beim Erstellen von herkömmlichen Bewerbungsunterlagen.

pieren oder auszudrucken. Wählen Sie dafür die Funktion mit »Datei/ Speichern unter …«. Bei Texten aus Textfeldern markieren und sichern Sie diese mit »Kopieren/Einfügen« in einem eigenen Textdokument auf Ihrem PC.

Nicht selten können Sie Dokumente an die Online-Bewerbung anhängen (Lebenslauf, Zeugnisse, Zertifikate, etc.). Nutzen Sie diese Möglichkeit und fügen Sie Ihre eingescannten Anlagen bei. Notieren Sie sich, welche Unterlagen Sie hochgeladen haben.

Wartezeit

Nachdem Sie das Onlineformular abgeschickt haben, erhalten Sie meist automatisch eine Bestätigung, dass Ihre Bewerbung angekommen ist. Wenn Sie nach etwa fünf Tagen noch nichts gehört haben, dürfen Sie per E-Mail oder telefonisch nachfragen.

BEISPIELHAFT: TYPISCHE ONLINE-BEWERBUNGSFORMULARE

Üblicherweise beginnt die Onlineformular-Prozedur (hier zeigen wir Ihnen eine ganz kleine und einfache und danach eine deutlich umfangreichere Version) mit **Abfragen zur Person** – alle üblichen Daten, erstaunlicherweise in unserem ersten Beispiel nicht nach der Anzahl und dem Alter der Kinder! Darauf kann man sich aber nicht verlassen. Im zweiten Beispiel sieht das anders aus, so ist es häufig der Fall. Dann geht es weiter über die **Schule**, **Ausbildung**, **berufliche Tätigkeiten** und das **Wechselmotiv**. In unserem ersten Beispiel wird zunächst danach gefragt, warum man sich bewirbt, um dann über die **Aus- und Fortbildung** (peinlich, wenn die letzte Weiterbildung in weiter Vergangenheit liegt) zu den **aktuellen Tätigkeiten**, **besonderen Kenntnissen** und sogar zu **Hobbys** und **Ehrenamt** zu kommen.

Die Frage nach den Motiven Ihrer Bewerbung ist nicht außergewöhnlich. Sie wird bei fast jedem Vorstellungsgespräch gestellt und tritt häufig zusammen mit der Frage auf: Warum sollen wir uns für Sie entscheiden, was können gerade Sie für uns tun …? Das ist bei diesen Online-Bewerbungsformularen nicht sehr viel anders und deshalb alles kein großes Problem, wenn Sie begreifen, was hinter den Fragen steckt. Die große Herausforderung ist, eine halbwegs vernünftig klingende, plausible Begründung zu finden für die Motive Ihrer Bewerbung, den Arbeitsplatz- und Aufgaben-Wechsel. Da sollten Sie besser nicht mit Arbeitslosigkeit argumentieren und auch nicht damit, dass Sie Ihren Lebensunterhalt verdienen müssen!

Deutlich umfangreicher und viel stärker ins Detail gehend ist dann unser zweites Beispiel eines Online-Bewerbungsabfragebogens (ab S. 134 mit immerhin 7 statt nur 2,5 Seiten). Hier werden differenzierte Angaben zur Herkunft und Adresse bis hin zur Familiensituation abgefragt. Und auch die Bewerbungsmotive sind nicht mit nur einer Frage (Warum?) abgehandelt, sondern man hakt intensiv nach (so würde man es jedenfalls bei einem persönlichen Vorstellungsgespräch erleben), man will es ganz genau wissen … Alles in allem stellt dieses Formular den Beantworter vor viel umfangreichere Fragethemen, die zudem auch noch auf unterschiedliche Weise und mit deutlichem Tiefgang beantwortet werden müssen, wenn man als Bewerber positiv auffallen möchte. Hierfür sind bestimmt zwei Stunden Zeit einzuplanen und Sie tun gut daran, sich jede Bildschirmseite und Ihre Antworten auszudrucken und aufzuheben. Sehr gut möglich, dass man Sie persönlich einlädt und die gleichen Fragen dann aber mündlich stellt.

Aber jetzt schauen Sie sich ruhig erst einmal ein ganz einfaches Exemplar an …

Beispiel: einfaches Onlineformular

Persönliche Daten

Anrede	[▼]	Titel	[▼]
Familienname	[ ]	Vorname	[ ]
Geburtsdatum	[1 ▼] [1 ▼] [1980 ▼]	Geburtsort	[ ]
Geburtsland	[▼]	Staatsangehörigkeit	[▼]

Anschrift Straße [ ]

Anschrift PLZ	[ ]	Anschrift Ort	[ ]
Telefon mit Vorwahl	[ ]	Handy	[ ]
E-Mail	[ ]		

Warum bewerben Sie sich?

> *Nicht ganz einfach! Bitte nicht: »Sie suchen doch ...«*
> *Schreiben Sie besser von »einer neuen Herausforderung«,*
> *»einen wichtigen Beitrag leisten zu wollen« etc.*

Für welche Aufgabenbereiche bewerben Sie sich? [▼]
Welche Position/Verantwortung streben Sie an? [▼]
Ihr gewünschter Einsatzort [ ]
Ihr frühester Einsatztermin [1 ▼] [1 ▼] [2014 ▼]

Ausbildung als [ ]
Weitere Ausbildungen

> *Ggf., wenn nichts anderes vorhanden, auch »Einarbeitung und Praxis in ...«*

Ausbildungsabschluss [ ]
Weitere Ausbildungsabschlüsse

> *Hier können Sie u.a. auch kleine Fortbildungskurse aufführen wie »Reklamationsbeauftragter«,*
> *»...Prüfer für ...«, »Ausbilderlizenz«, »Haarstylist für XY-Produkte ...« etc.*

Berufliche Fortbildung

Jeder Messebesuch, Kollegenaustausch (Stammtisch), jedes Fachmagazin finden hier Platz, wenn Sie nicht Besseres zu berichten haben.

Schulabschluss [▼]

Weiterführende Bildungsabschlüsse [▼]

Berufliche Tätigkeit aktuell

Ganz wichtig: Überlegen Sie sich hier unbedingt etwas Ordentliches ...

Aufgabenschwerpunkt

... Aber vorher genau überlegen ...

Ergebnisse

... Formulieren Sie ausführlich und nicht zu knapp!

Warum wollen Sie Ihre Tätigkeit wechseln/Ihr Unternehmen verlassen?

Unbedingt ausfüllen und gut argumentieren! Aber bitte nicht so: »...Der Chef kann mich nicht leiden und ich verstehe mich nicht mit den Kollegen ...«

Arbeitszeugnis vorhanden [Ja ▼]

Frühere berufliche Tätigkeiten

Ihre Selbstdarstellung: Kompetenzen, Geleistetes, berufliche und persönliche Weiterentwicklung

Aufgabenschwerpunkt

Ergebnisse

Wechselmotiv

Arbeitszeugnis vorhanden [Ja ▼]

(evtl. mehrmals auszufüllen, je nach Anzahl früherer Arbeitsverhältnisse)

Besondere Kenntnisse

> *Wenn schon nicht alle Felder ausgefüllt sind, dann doch aber die meisten.*
> *Mit etwas Überlegung (und Fantasie) dürfte das für Sie gar nicht so schwer sein ...*

Sprachen

> *... z.B. bei Sprachen: wenigstens Schul-Englisch! ...*

EDV

> *... Seien Sie nicht zu selbstkritisch! Das hier ist dafür nicht der richtige Ort ...*

Führerschein   [A ▼]

Sonstige relevante Kenntnisse

> *... Sie sollen/wollen eingeladen werden, und die Texte liest zunächst ja nur der Computer!*
> *Gefühlsneutral!*

Ehrenamtliches Engagement

> *Erwähnenswert sind das Engagement für Ihre alte Nachbarin, die Mithilfe in einem Verein*
> *(Sport, Musik etc.), auch wenn Sie nicht reguläres Mitglied sind. Nachdenken hilft!*

Hobbys

> *Ja nicht auslassen oder »keine« hinschreiben. Sport, Musik, Gartenarbeit,*
> *wenn Ihnen nichts Besseres einfallen sollte.*

Weitere Bemerkungen/Mitteilungen

> *Das ist Ihre große Chance! Natürlich haben Sie noch die eine oder andere wichtige Botschaft.*
> *Und wenn Ihnen gerade überhaupt nichts einfallen will, dann: »Meine Kollegen schätzen an mir ...«,*
> *»Mein Vorgesetzter lobte micht neulich für ...«, »Unsere Kunden wissen, in mir haben sie eine/-n ...«*

Alles halb so schlimm! Gut, die Fragen lassen sich nicht in wenigen Minuten beantworten, aber die Themen liegen auf der Hand und, wenn Sie hier eine gewisse Vorarbeit geleistet haben, kommen Sie mit etwa 20 Minuten Ausfüllzeit gut zurande.

Der Zeitaufwand sieht bei dem doppelt so umfangreichen, sehr detaillierten nächsten Formular schon etwas anders aus. Allein die Bereitstellung aller Daten kostet Sie eine deutlich längere Vorbereitungszeit.

Verständlich, die meisten Bewerber tun sich schwer mit der Beantwortung vieler dieser Fragen und neigen vorschnell dazu, nichts oder ein »Nein« in die »Kästchen« zu setzen. Überlegen Sie besser dreimal, was Sie anführen können, beraten Sie sich mit Menschen aus Ihrer Umgebung statt »aufzugeben«. Denn oftmals ist die »eigene Schere im Kopf«, der innere Kritiker, ein großes Handicap. Letztlich wird nicht jede Ihrer Antworten auf die Goldwaage gelegt, aber zu viel nicht beantwortete Fragen sprechen schnell gegen Sie. Es könnte sein, dass der »Computer« Sie einfach aussortiert. Das wäre doch schade, oder? Wichtig zu begreifen: *Die* fragen, *Sie* antworten und damit bestimmen Sie, was Sie anbieten ... Wichtig ist, überhaupt etwas anzubieten! Sie sind der Regisseur ... und wer Sie fragt, sollte möglichst immer eine Antwort bekommen.

Beispiel: komplexes Onlineformular

Persönliche Daten

Anrede	[▼]	Titel	[▼]
Familienname	[ ]	Vorname	[ ]
Zweiter Vorname	[ ]	Weitere Vornamen	[ ]
Geburtsname	[ ]	Geburtsdatum	[1 ▼] [1 ▼] [1980 ▼]
Geburtsort	[ ]	Geburtsland	[▼]

Staatsangehörigkeit [▼]   Weitere Staatsbürgerschaften [▼]

Staatsangehörigkeit der Eltern [▼]

Haben bereits Ihre Eltern in unserer Firma gearbeitet? [Nein ▼]

Familienstand [ledig ▼]   Haben Sie Kinder? [Nein ▼]

Wie alt sind Ihre Kinder? [ ]

Hauptwohnsitz Anschrift   Nebenwohnsitz Anschrift

Straße [ ]   Straße [ ]

Ort (mit PLZ) [ ]   Ort (mit PLZ) [ ]

Telefon mit Vorwahl (tagsüber) [ ]

Telefon mit Vorwahl (am Abend) [ ]

Fax [ ]   Handy [ ]

E-Mail [ ]   Eigene Homepage-Adresse [ ]

Warum bewerben Sie sich?

> *Die Gretchenfrage, auf die Sie sich gründlich vorbereiten und wohlüberlegt antworten sollten!*

Wie sind Sie auf diese Stelle aufmerksam geworden?

> *Durch die Anzeige im Internet, in den Printmedien, durch Kollegenhinweise, Gespräche o. Ä.*
> *Noch besser: »Ich beobachte schon geraume Zeit die Entwicklung*
> *Ihres Unternehmens etc., benutze Ihre Produkte etc. ...« Das kommt noch besser an!*

Woher kennen Sie unsere Firma?

> *Auch hier gilt es, keine Antwort schuldig zu bleiben und den Platz für*
> *eine gelungene Selbstdarstellung zu nutzen.*

Welchen Kontakt hatten Sie bereits zu unserer Firma?

> *Intelligent, und bitte nicht schleimen oder sich selbst übertrieben beweihräuchern ...*

Haben Sie bereits an einem Recruiting-Event unserer Firma teilgenommen? [Ja ▼]

Für welchen Aufgabenbereich bewerben Sie sich? `[ ▼ ]`

Welche Position/Verantwortung streben Sie momentan an? `[ ▼ ]`

Welche Position/Verantwortung streben Sie in fünf Jahren an? `[ ▼ ]`

Ihr gewünschter Einsatzort `[ 1. Präferenz ▼ ]`
`[ 2. Präferenz ▼ ]`
`[ 3. Präferenz ▼ ]`

Ihr frühester Eintrittstermin `[ 1. Präferenz ▼ ]`
`[ 2. Präferenz ▼ ]`
`[ 3. Präferenz ▼ ]`

Bereitschaft zur Durchführung von Schichtarbeit `[ Ja ▼ ]`

Bereitschaft zur Leistung von Überstunden `[ Ja ▼ ]`

Bereitschaft zur Durchführung von Dienstreisen im Inland `[ Ja ▼ ]`

Bereitschaft zur Durchführung von Dienstreisen im Ausland `[ Ja ▼ ]`

Bitte beschreiben Sie häufige Tätigkeiten an einem normalen Arbeitstag.

Bloß keine Alltäglichkeiten wie »... frühmorgens komme ich und schließe die Bürotür auf« ... »und gehe als Letzter oftmals erst nach 19 Uhr«. Besser: »Krisenmanagement«, »Rückgewinnung von sich beklagenden Kunden«, »erfolgreiche Preisverhandlungen« etc. Sie haben doch Fantasie!

Welche dieser Tätigkeiten können Sie besonders gut?

Jetzt müssten Sie eigentlich wissen, wie Sie diesen Platz zu Ihrem Vorteil nutzen. Aber bitte nicht schreiben: »Ich bin ein großartiger Geschichtenerfinder«!

Welche dieser Tätigkeiten müssen Sie noch optimieren?

Hier muss auch etwas stehen, aber bitte Zurückhaltung bewahren (also gerade hier keine vier Zeilen oder mehr).

Welche Arbeiten vermeiden Sie aufgrund mangelnder Eignung?

Ausbildung als `[            ]` Start `[ 1 ▼ ] [ 1 ▼ ] [ 1980 ▼ ]`
Ende `[ 1 ▼ ] [ 1 ▼ ] [ 1980 ▼ ]`

Hauptfächer während der Ausbildung

Besondere Kurse während der Ausbildung

Besondere praktische Erfahrungen während der Ausbildung

Bedenken Sie, dass es eher gegen Sie spricht, wenn Sie hier nichts angeben. Positiv wirkt es, wenn Sie sich bemühen, etwas von sich zu vermitteln.

Abschlussnote `[            ]`

Weitere Ausbildungen (Start/Ende mit genauem Datum)

Ausbildungsabschluss (genaues Datum)

Weitere Ausbildungsabschlüsse (genaue Daten)

Gibt es vielleicht Zusatzqualifikationen, die Sie hier sinnvoll anführen können?

Studium [   ]   Start [1 ▼] [1 ▼] [1980 ▼]
                                      Ende   [1 ▼] [1 ▼] [1980 ▼]

Hauptfächer während des Studiums

Besondere Kurse während des Studiums

Außeruniversitäres Engagement

*Diese Chance dürfen Sie nicht ungenutzt lassen. Der Sportverein, das Team,
soziale Projekte in Ihrer Nachbarschaft ... Natürlich haben Sie da etwas zu bieten.*

Auslandssemester (Start/Ende, Dauer, Ort, besuchte Kurse)

*Wenn Sie kein Auslandssemester vorzuweisen haben:
Auch schon hier können Sie einen längeren Auslandsaufenthalt, der nicht an einer Uni,
sondern z. B. an einer Sprachschule stattfand, aufführen.*

Datum und Thema der Abschlussarbeit
[1 ▼] [1 ▼] [1980 ▼]

Abschlussnote [   ]   Semesteranzahl [   ]

Berufliche Fortbildungen

Bitte nie »keine« schreiben!

Berufliche Weiterbildungen

*Ganz gemein, denn das ist ja das Gleiche wie eben! Also unbedingt wenigstens »Ja, häufig!«,
»Tagtäglich« einsetzen, ggf. auf das Fachzeitschrift-Abo, die Mitgliedschaft im Berufsverband, das
Treffen am Stammtisch etc. hinweisen.*

Sonstige Zusatzqualifikationen

*Bitte nicht »nichts« schreiben, wenigstens der Führerschein, Ihre »Kenntnisse in ...«
sind hier aufführbar. Nutzen Sie diese Gelegenheit!*

Auslandsaufenthalte

Auch hier sollten Sie etwas ausfüllen. Natürlich waren Sie schon in den USA, in Spanien o. Ä.
Ja, aber nur zum Urlaub machen, wenden Sie ein. Das schreiben Sie aber jetzt nicht ... Auf Nachfrage
bleibt es ja Ihnen überlassen, wie sehr Sie Ihren Zehntageaufenthalt in Spanien ausschmücken.

Schulabschluss [ ] Start [1 ▼] [1 ▼] [1980 ▼]
Ende [1 ▼] [1 ▼] [1980 ▼]

Weiterführende Bildungsabschlüsse

... können ggf. auch selbst initiierte Sprachkurse
oder sonstige beruflich nützliche Fortbildungen sein.

Berufliche Tätigkeit aktuell [ ] Start [1 ▼] [1 ▼] [1980 ▼]

Aufgabenschwerpunkt

Genau überlegen!

Ergebnisse

Ihre Gelegenheit zu verdeutlichen, was Ihre Kompetenz und Leistungsmotivation auszeichnet.
Das bedeutet aber auch: Sie haben sich Gedanken gemacht, was Ihre Botschaften sind (s. S. 14)

Warum wollen Sie Ihre Tätigkeit wechseln/Ihr Unternehmen verlassen?

s. S. 132

Arbeitszeugnis vorhanden [Ja ▼]

Davor berufliche Tätigkeit [ ] Start [1 ▼] [1 ▼] [1980 ▼]
Ende [1 ▼] [1 ▼] [1980 ▼]

Aufgabenschwerpunkt

Hier gilt es, wie oben und zuvor argumentiert. Dabei müssen Ihre letzten Tätigkeiten vor dem
aktuellen Job, den Sie jetzt innehaben, schon noch mit einer gewisssen Akribie beschrieben
werden, die Tätigkeiten davor deutlich weniger. Zeigen Sie sich motiviert. Kooperieren Sie.

Ergebnisse

Sicher für viele eine schwierige Frage, Sie dürfen aber keinesfalls die Antwort hier schuldig bleiben.

Wechselmotiv

Natürlich ist Ihre Antwort hier von besonderer Bedeutung.

Arbeitszeugnis vorhanden [Ja ▼]

Davor berufliche Tätigkeit [   ]   Start [1 ▼] [1 ▼] [1980 ▼]
                                                   Ende [1 ▼] [1 ▼] [1980 ▼]

Aufgabenschwerpunkt

> *Hier gilt das eben Gesagte.*

Ergebnisse

Wechselmotiv

Arbeitszeugnis vorhanden [Ja ▼]
(evtl. mehrmals auszufüllen, je nach Anzahl früherer Arbeitsverhältnisse)

Zeiten der Arbeitslosigkeit [Nein ▼]

Dauer der Arbeitslosigkeit [   ]

Überlegen Sie gut, ob Sie sich dieser Frage so einfach unterwerfen. Bleiben Sie doch mal beim »Nein«. Dass das nicht geht bei 5 Jahren ohne Job, ist schon etwas anderes, aber was sind schon 5 Monate – vor allem wenn es schon eine Zeit lang her ist!

Besondere Projektarbeiten

> *Unbedingt ausfüllen, Sie nutzen doch die gebotenen Chancen der Selbstdarstellung und Vermarktung Ihrer Talente, oder?*

Besondere Arbeitserfolge

> *Dito!*

Auszeichnungen

> *Auch wenn Sie nichts »Offizielles« vorzuweisen haben, können Sie etwas benennen ...
> am 31. April hat Ihr Vorgesetzter doch eine kleine Rede gehalten, sogar vor den Kollegen und Sie
> über die Maßen gelobt ... (bitte beachten Sie: es gibt leider nur 30 Tage im April!). Oder Ähnliches.*

Besondere Kenntnisse

> *Da wissen Sie doch hoffentlich, was Sie noch alles mitzuteilen haben. Nur passen muss es schon,
> halbwegs glaubwürdig wirken. Dennoch: Der Computer kennt keine Gefühle!*

Sprachkompetenz umgangssprachlich [▼]

Sprachkompetenz schriftlich [▼]

Sprachkompetenz verhandlungssicher [▼]

EDV

> *Auf jeden Fall!*

Führerschein [A ▼]

Allgemeine soziale Kompetenzen

Gut vorstellbar, dass viele Leser hier keine Ideen haben, was sie schreiben könnten. Zurückhaltung und Bescheidenheit sind auch soziale Kompetenzen, und wenn Sie ein bisschen nachdenken und sich mit den richtigen Leuten austauschen, werden Sie etwas zu schreiben haben ...

Besondere Führungskompetenzen

Nachdenken hilft und Ihr (Paten-)Kind, Partner/-in, Freunde und Bekannte, Nachbarn etc. überlassen Ihnen gerne die eine oder andere Entscheidung. Und noch etwas: In der Schule als Klassensprecher (bitte nicht das Tafelamt!), in der Uni als Sprecher Ihres Lernteams usw. ...

Bei Führungskräften:

Anzahl der zugeordneten Mitarbeiter (Maximalzahl) ☐
Anzahl der zugeordneten Mitarbeiter (Durchschnitt) ☐

Angaben zur Teamfähigkeit

»Gut entwickelt, keine Probleme, wenngleich Teamarbeit nicht immer ein Garant dafür ist, die optimale Lösung in kürzester Zeit zu erreichen« wäre eine schöne Antwort.

Angaben zur Belastbarkeit

Selbstverständlich sind Sie belastbar!

Berufliche Stärken

Natürlich nutzen Sie diese Vorlage und nennen Ihre Stärken, die Sie weiter vorne im Buch ausgearbeitet haben.

Berufliche Schwächen

Aber hier bitte keine zwei Zeilen oder mehr. Ja, Sie kennen solche und arbeiten daran ...

Sonstige relevante Kenntnisse

Unbedingt ausfüllen! Was sonst nicht passt – ggf. etwas umformulieren.

Wie oft pro Woche sind Sie sportlich aktiv? ☐ 2x ▼

Betreiben Sie eine Art von Extremsport, z. B. Bergsteigen?

»Immer, regelmäßig – manchmal, aber auch nicht, wenn in der Firma so viel zu tun ist ...« Schreiben Sie, welche Sportarten Sie bevorzugen! Sogar Schach und Angeln kann aufgeführt werden ... aber bitte nicht mit 10 Sportarten glänzen wollen. Das wirkt nicht realistisch und: So viel Zeit haben Sie ja gar nicht im neuen Job ...

Ehrenamtliches Engagement

Unbedingt, schauen Sie auf S. 133.

Hobbys

Dito, s. S. 133.

Mitgliedschaften

Aber ja doch ...

Veröffentlichungen und Vorträge

Natürlich haben Sie mindestens schon einige Vorträge oder Powerpoint-Präsentationen gehalten! Und immer erfolgreich!

Referenzen

Geben Sie unbedingt Referenzen an, aber bitte nicht Ihre Großmutter ...

Arbeitsproben

Gerne, auf Wunsch bringen Sie etwas zum Vorstellungsgespräch mit.

Weitere Bemerkungen/Mitteilungen

Unbedingt, das ist Ihre Chance! Aber mit Köpfchen! Jetzt haben Sie sicher begriffen, worauf es hinausläuft ...

Wenn Sie sich vorab Gedanken machen, was Ihr Kommunikationsziel, was Ihre Botschaften sind und wie Sie das alles vermitteln wollen, kommen Sie auch mit diesem ausführlicheren und sehr ins Detail gehenden Online-Fragebogen-Exemplar besser klar. Dabei hilft es natürlich, wenn Sie sich Ihre Antworten auf die Fragen nach Ihrer Kompetenz, Leistungsmotivation und Persönlichkeit sowie nach Ihrem USP verdeutlicht und einmal aufgeschrieben haben. Jetzt braucht es nur ein wenig Geduld beim „Übertragen".

In unserem Standardwerk *Training Vorstellungsgespräch* haben wir all diese Fragen beleuchtet, erklären die Hintergründe und was schlechte von guten Antworten unterscheidet. Vielleicht schauen Sie einfach mal rein. Ein Vorstellungsgespräch kommt doch in jedem Fall auf Sie zu ...

EMPFEHLUNG: ZUM UMGANG MIT ONLINEFORMULAREN

Auf der nächsten Seite zeigen wir Ihnen eine schematische Darstellung der typischerweise abgefragten Informationen bei Online-Bewerbungsformularen und Hinweise, Tipps und Tricks.

Die lückenlose Darstellung

Eines der größten Probleme scheint für viele Bewerber die lückenlose Darstellung ihres beruflichen Werdeganges, insbesondere dann, wenn es Zeiten der Arbeitslosigkeit gegeben hat. Hier gilt folgende Empfehlung: Schreiben Sie möglichst nie Worte wie: »arbeitslos«, »Arbeit suchend« bzw. ähnliche Formulierungen. Es könnte sein, dass das Computerprogramm Sie daraufhin ganz schnell »aussortiert«. Wir empfehlen eher eine Formulierung in Richtung: Projekt/Engagement im Bereich XY, außerberufliche Fortbildung, Pflegezeit oder etwas Ähnliches. In den meisten Fällen sind die Computerprogramme noch nicht so weit in der Differenzierung … Sind Sie erst einmal eingeladen, lassen sich diese Zeiten ganz anders vermitteln. Wichtig ist jedenfalls, nicht an solch einer Hürde zu scheitern!

Handhabung: Hürden

Urteilen Sie selbst. Unserer Einschätzung nach wird bei dieser Bewerbungsform inhaltlich kaum mehr als bei einer traditionellen Bewerbung verlangt. Wenn überhaupt, so liegt die Schwierigkeit in der ungewohnten, ja teilweise umständlichen Dateneingabe. Beispielsweise gestaltet sich der Registrierungsprozess oftmals kompliziert und nimmt unerwartet viel Zeit in Anspruch. Bei manchen Firmen muss der Bewerber auch erst einmal warten, bis das notwendige Zugangspasswort per E-Mail zugeschickt wird. In den meisten Fällen ist das Akzeptieren einer Datenschutzerklärung eine notwendige Voraussetzung, um überhaupt auf die eigentlichen Bewerbungsformulare zu gelangen. Diese können übrigens direkt von der jeweiligen Firma installiert sein oder über einen Link zu einer Stellenbörse führen, die dann die Bewerberauswahl für die Firma übernimmt.

Variationen

Manche Unternehmen bieten ihren Bewerbern an, das Formular Stück für Stück zu bearbeiten, indem sie eine Zwischenspeicherfunktion eingebaut haben, bei anderen Firmen muss der Bewerber das Formular in einem Zug bis zum Ende ausfüllen, weil bereits eingegebene Daten nach einer Unterbrechung ungültig werden. Andere, vor allem die großen Unternehmen, haben einen eigenen Bewerbungsassistenten, der z. B. die Vorschau auf das Formular ermöglicht und Schritt für Schritt die Bearbeitung erklärt. Dort finden sich meistens auch Begründungen, warum das Unternehmen eine Online-Bewerbung bevorzugt.

Praktisch ist es, wenn man am Ende die Möglichkeit hat, sämtliche Eingaben im Überblick gegenlesen zu können. Auch hilfreich ist die Funktion, zu einem späteren Zeitpunkt bestimmte Aspekte im Lebenslauf verändern bzw. aktualisieren zu können. Gerade wenn man beabsichtigt, ein Profil für längere Zeit bei einer Firma zu hinterlegen, können so zusätzliche Lehrgänge oder Projekterfahrungen dann einfach und unkompliziert ergänzt werden.

Leider spielen die Firmen bei der Kandidatenauswahl nicht mit offenen Karten, weshalb die Filter- bzw. Rasterkriterien zur automatischen Bewerbereinstufung stets Firmengeheimnis bleiben. Hier kann man lediglich spekulieren; z. B. wenn besonders häufig Fragen zum Thema Teamfähigkeit oder zu bestimmten fachlichen Kenntnissen gestellt werden.

Wichtig für Sie ist: Lassen Sie sich nicht irritieren, sondern versuchen Sie, möglichst technisch kompetent die Eingabefelder auszufüllen und gleichzeitig prägnante, aussagefähige Informationen zum eigenen Profil einzugeben.

Die optimale Form

Vergessen Sie auf keinen Fall, vor dem endgültigen Versand Ihrer Texte eine Rechtschreibprüfung durchzuführen. Kopieren Sie Ihre Formulierungen einfach in ein entsprechendes Textprogramm und starten Sie die automatische Prüfung. Des Weiteren sollten Sie beim Versand von Anhängen stets die vorgegebenen technischen Parameter beachten. Hierzu gehören: Anzahl der Dokumente, Größe der Dateien sowie vorgeschriebene Formate. Speichern Sie auch alle wichtigen Texte sowie die verschickten Dokumente für sich selbst ab. Dies gibt Ihnen die Möglichkeit, die gemachten Angaben vor einem Vorstellungsgespräch nochmals durchzugehen und sich einzuprägen.

Testlauf

Wir raten Ihnen beim Ausfüllen eines Onlineformulars unbedingt zu einer Art Probedurchlauf. Wenn Sie wirklich auf Nummer sicher gehen wollen, so spricht nichts dagegen, mit fiktiven Angaben die Onlineformulare zunächst einmal einzusehen, um dann beim erneuten Versuch mit korrekt ausgefüllten Feldern Ihre Bewerbung auf den Weg zu geben. Bedenken Sie aber auch, von welchem Computer aus Sie dies tun. Sie hinterlassen Spuren …

Abfragefeld	Bemerkung	Tipps und Tricks
E-Mail-Adresse	Bitte achten Sie auf die korrekte Schreibweise Ihrer E-Mail-Adresse.	Eine seriöse E-Mail-Adresse hinterlässt einen besseren Eindruck als »schnucki24@flirtfever.de« Kostenlose, seriöse E-Mail-Adressen bekommen Sie z. B. bei: www.google.de www.web.de www.gmx.de www.live.com
Passwort	Bitte wählen Sie ein sicheres Passwort mit mindestens 8 Zeichen. Darunter sollten mindestens 2 Sonderzeichen vertreten sein. Wählen Sie aber bitte kein zu exotisches Passwort, das Sie am Ende vergessen. Man kann auch nicht sicher sein, ob die Firmen die Passwörter nicht doch sehen können. Von daher besser auf Passwörter im Stil von »scharfemaus69« etc. verzichten.	Benutzen Sie ein spezifisches Passwort für den Bewerbungsvorgang wie z. B. Bewerbungen$MaxMU67§ So verhindern Sie, dass Ihr Gegenüber ein Passwort erhält, das ihm evtl. den Zugang zu Ihrem E-Mail-Account ermöglicht.
Telefon mit Vorwahl Handy E-Mail	Sie entscheiden wohlüberlegt, über welches Medium die Kontaktaufnahme erfolgen soll.	Bitte niemals Ihre Büro-/Geschäftsadresse bzw. geschäftliche Telefonverbindung angeben!
Warum bewerben Sie sich?	Nicht offen lassen, aber auch keinen »Blödsinn« schreiben – z. B. auch nicht, dass Sie noch etwas lernen wollen…	Das Zauberwort: intrinsische Motivation. Sie suchen neue Herausforderungen etc. Stichwort: Schlüssel/Schloss. Die Stelle motiviert vor allem deshalb, weil die beschriebene Herausforderung genau zu den eigenen Kompetenzen und Zielen passt.
Für welche Aufgabenbereiche bewerben Sie sich?	Je nach Ausgangslage: Sehr präzise benennen oder eher relativ offen (jedoch nicht beliebig!) beantworten.	Unbedingt vorab über diese wichtige Frage nachdenken, ggf. einen Bereich benennen und gleichzeitig Offenheit für auch andere Aufgaben signalisieren.
Welche Position/ Verantwortung streben Sie an?	Ggf. ist das vorher schon klar, wenn nicht: Haben Sie keine Angst, sich zu positionieren! Bereitschaft zur Verantwortungsübernahme signalisieren!	Sie sollten nicht gleich den Chefsessel anstreben. Jedoch: Ehrgeiz in Maßen, insbesondere Verantwortungsübernahme, ist ein positives Zeichen!
Ihr gewünschter Einsatzort	Oftmals bereits klar vorgegeben, Vorsicht bei Fantasievorschlägen!	Verdeutlichen Sie zunächst, möglichst ortsungebunden zu sein, geben Sie Ihren Wunschort als Präferenz an … Wichtig ist zunächst nicht, wo Sie arbeiten wollen, sondern, dass Sie eingeladen werden!

Abfragefeld	Bemerkung	Tipps und Tricks
Ihr frühester Eintrittstermin	Nicht zu schnell zur Verfügung stehen, das ist kontraproduktiv. Aber auch möglichst nicht später als 6 Monate, wobei das schon ein sehr langer Wartezeitraum wäre.	Signalisieren Sie, dass man über das Eintrittsdatum mit Ihnen verhandeln kann. Sie sind doch flexibel!
Ausbildung als … Weitere Ausbildungen Ausbildungsabschluss Weitere Ausbildungsabschlüsse	Fangen Sie nicht bei Adam & Eva an, also: »Vor 30 Jahren lernte ich …« Der letzte Job wird hoffentlich bei Ihnen auch der wichtigste sein. Und dann chronologisch rückwärts.	Hier setzen Sie Prioritäten und vermitteln, dass Sie wissen was wirklich zählt, worauf es in dem möglichen Job ankommt!
Berufliche Fortbildungen	Chronologisch rückwärts auflisten, evtl. nur über die letzten 5 Jahre.	Denken Sie auch an Messen und Fachtagungen, berufliche Interessensgruppierungen, denen Sie angehören bzw. an denen Sie teilgenommen haben (Austausch), Fachliteratur etc.
Berufliche Tätigkeiten aktuell Aufgabenschwerpunkt Ergebnisse	Insbesondere der letzte und der vorletzte Job mit seinen Aufgaben und Verantwortungen sind hier wichtig.	Unbedingt vorab über diese wichtigen Fragen nachdenken und Material sammeln. Hier werden Weichen gestellt. Jeder dieser 3 Punkte muss ganz sorgfältig beantwortet werden!
Warum wollen Sie Ihre Tätigkeit wechseln / Ihr Unternehmen verlassen?	Wichtig: Präsentable Begründung, nicht klagen oder aus dem Nähkästchen plaudern! Und bloß keinen verzweifelten Eindruck machen.	Weiterkommen, Ambitionen haben, Ehrgeiz in Maßen – das sind immer die richtigen Stichworte!
Arbeitszeugnis vorhanden	Prinzipiell immer Ja – selbst wenn Sie momentan noch keines haben!	Vorhandene Arbeitszeugnisse checken lassen und gelegentlich um ein Zwischenzeugnis bitten (etwa alle 2–3 Jahre)
Besondere Kenntnisse	Wunderbare Chance, mit Zusatzqualifikationen zu punkten!	Wer hier etwas anzubieten hat, kann Punkte sammeln!
Sprachen EDV	Unbedingt angeben! Nicht mit den Kenntnissen prahlen/übertreiben, aber auch nicht zu selbstkritisch sein.	Unbedingt ausfüllen und Punkte sammeln! Beispiele: bei „Englisch" „Verhandlungssicher" oder „Französisch" „Zweitmuttersprache", wenn Sie bilingual aufgewachsen sind.
Führerschein	Beim Führerschein die Oberklassen angeben also z. B: C1E, B, A.	
Ehrenamtliches Engagement Hobbys	Alles kann für Sie und Ihre Wesensart sprechen …	Hier geht es um Ihre Persönlichkeit, die Sie gut darstellen sollten, um Sympathie-Punkte zu sammeln.
Weitere Bemerkungen/Mitteilungen	Bringen Sie unbedingt (ggf. nochmals, dann in anderen Worten) Ihre Botschaften rüber!	Es lohnt sich, sich vorab Gedanken zu machen und das Kommunikationsziel, die Botschaften und Argumente beisammen zu haben!

Die Grenzen des Verfahrens

Leider kann dieses automatisierte Auswahlverfahren auch trotz bester Vorbereitung und Durchführung sehr ungerecht sein. Manche Firmen verwenden als Auswahlkriterium die Durchschnittsstudiendauer oder ein bestimmtes Alter des Bewerbers. Haben Sie beispielsweise BWL oder Maschinenbau studiert und wegen verschiedener Praktika und Auslandsaufenthalte 14 anstatt nur 9 Semester gebraucht, oder sind Sie nach Studienabschluss bereits 29 Jahre alt, dann sortiert das standardisierte Computerauswahlprogramm Sie sofort aus. Postwendend werden Sie per E-Mail informiert, dass man Ihnen leider kein passendes Angebot machen kann. Wenn Sie eine ungerechte Behandlung dieser Art vermuten und Sie trotzdem an dem ausgeschriebenen Job interessiert sind, so hilft nur eins: Versuchen Sie, sich auf herkömmlichen Bewerbungswegen vorzustellen. Wenn Sie z. B. keinen lückenlosen Lebenslauf haben, aber über handfestes Know-how in der entsprechenden Branche verfügen, wählen Sie besser die klassische Variante per Post. So haben Sie mehr Möglichkeiten, Ihre Fähigkeiten kreativ zu präsentieren und »Lücken« zu kaschieren.

Resümee: Offen gesagt!

Man kann sich des Eindrucks kaum erwehren: Insbesondere die von vielen Großunternehmen vorgeschaltete formulargesteuerte Personalauslese wirkt eher »vermeidend«, ja man könnte meinen, sie soll hauptsächlich Bewerbungskandidaten abschrecken, entmutigen, schnell aussortieren. Dies ist zumindest eine Sichtweise auf die aktuell immer noch in der Mehrzahl praktizierten Auswahlverfahren. Natürlich stellt es ein Problem dar, wenn sich bei namhaften Unternehmen täglich bis zu 1.000 Bewerber initiativ bewerben. Wie sollen Personaler damit klarkommen?

Andererseits: Uns sind zahlreiche Fälle bekannt von hochqualifizierten Bewerbern, die wenige Stunden nach dem Ausfüllen eines Online-Bewerbungsformulars, bisweilen auch erst ein, zwei Tage später, eine freundliche »Nein-Danke-Absage« erhalten haben. Ein Teil dieser Bewerber hat es dann auf anderen Wegen versucht und tatsächlich auch geschafft, sich beim Unternehmen vorzustellen, zu überzeugen und arbeitet heute sogar in einer Führungsposition für das Unternehmen, das als Reaktion auf das Onlineverfahren kein Interesse gezeigt hatte. Andere Kandidaten entschieden sich für einen Arbeitsplatz, für den sie keine Onlineformularsysteme durchlaufen mussten.

LERNTEST

10. Lerntest: Was sind ganz typische und deshalb auch häufige Fehler, die bei der Online-Bewerbung (E-Mail wie Formular) gemacht werden?

(Mehrere richtige Lösungen möglich!
Für jede falsche Antwort 1 Punkt Abzug!)

a) mangelnde Vorbereitung
b) diffuse bis keine Werbe-Botschaft/-en
c) wenig überzeugende Argumente in Sachen Bewerber-Kompetenz, Leistungsmotivation und Persönlichkeit
d) kein wirklich sympathisches Foto
e) Unterschrift am Ende des Lebenslaufes vergessen
f) keine Angaben zu Engagement, Interessen, Hobbys
g) jede Menge Form- und Rechtschreibfehler

Die richtige Lösung finden Sie auf Seite 147.

Lösung 9. Lerntest: Lösungen c, d und e jeweils 1 Punkt, Lösungen a und b jeweils 0,5 Punkte.

Empfehlungen für Onlineformulare

Onlineformulare liegen besonders bei großen Firmen voll im Trend. Arrangieren Sie sich deshalb bestmöglich mit dieser Form der standardisierten Dateneingabe und halten Sie gleichzeitig auch nach alternativen Bewerbungswegen Ausschau. Für professionelle Bewerbungen auf Firmenhomepages sollten Sie vorab passende Formulierungen vorbereiten und diese dann möglichst harmonisch in die vorgefertigten Formulare einfügen. Nutzen Sie trotz der technischen Hürden Ihre Chance und präsentieren Sie Ihr berufliches Profil als ideal für die jeweilige Stelle. Stellen Sie gleichzeitig Ihre Persönlichkeit möglichst individuell dar, denn diese spielt bei sämtlichen Bewerbungsformen eine wichtige Rolle. Bedenken Sie generell die Erfolgsfaktoren **KLP** – Kompetenz, Leistungsmotivation und Persönlichkeit, die durch überzeugende Formulierungen sichtbar werden sollten.

Wie schon erwähnt: Parallel oder alternativ zu Onlineformularen auf Firmenhomepages sollten Sie auch noch weitere Bewerbungswege suchen. Lesen Sie dazu den Bericht eines unserer Klienten (Praxisbeispiel rechts).

Sie sehen also: Viele Wege führen nach Rom. Versuchen Sie neben der Bearbeitung von Onlineformularen, auch noch weitere Bewerbungswege zu verfolgen. Zu Ihrer Bewerbungsstrategie sollten beispielsweise auch Bewerbungen per Telefon, generelles Networking sowie eigene Stellengesuche gehören.

Welche Erfahrungen Bewerber bei der Kontaktaufnahme zu bekannten Unternehmen im Netz gemacht haben und wie sie die einzelnen Onlineformulare bewerten, können Sie auf der CD-ROM zu diesem Buch nachlesen.

Meine Online-Erfahrungen

Mein Name ist Maximilian Stedler und trotz der umständlichen Abläufe habe ich mich kürzlich auf der Siemens-Homepage für eine Stelle als Physiker beworben. Sorgfältig und mit viel Engagement gab ich ausführlich alle Angaben zu meiner Person, meinen beruflichen Kompetenzen und meinem Ausbildungshintergrund ein. Leider erhielt ich bereits kurze Zeit später eine standardisierte Absage. Ich war enttäuscht, denn ich fühlte mich wirklich sehr für die Stelle geeignet. Mit diesem Ergebnis wollte ich mich deshalb nicht abfinden und suchte nach möglichen Ansprechpartnern bei Siemens. Ich recherchierte auf der Firmenseite, in Business-Communities und Firmenveröffentlichungen. Am Ende hatte ich eine kleine Rangliste mit Namen von relevanten Personalern und Fachbereichsleitern, die ich für meinen neuen, telefonischen Anlauf verwenden wollte. Über die Siemens-Homepage fand ich zwar nicht deren direkte Telefonnummern, jedoch allgemeine telefonische Ansprechpartner, denen ich kurz mein Profil vorstellte und dann meinen Gesprächswunsch mit Herrn XY begründete. Nicht immer hatte ich gleich Erfolg, jedoch irgendwie habe ich am Ende mein Ziel erreicht und erhielt die Chance, mich sowohl per Telefon als auch über traditionelle schriftliche Unterlagen zu präsentieren. Und ich hatte weiter Glück: Nur wenig später wurde ich zum Vorstellungsgespräch eingeladen und bekam nach einem zusätzlichen Assessment Center – trotz ursprünglicher Ablehnung bei den Onlineformularen – ein Jobangebot.

Online-Tests

Auch bei der Assessment-Center-gesteuerten Personalauswahl spielt das Internet inzwischen eine Rolle. Immer mehr Unternehmen lassen die Kandidaten durch Rekrutierungsspiele und Online-Assessments surfen, um so mögliche High Potentials angeblich schnell identifizieren zu können. Die neu entwickelten Online-Assessment-Center sind jederzeit und an vielen Orten gleichzeitig durchführbar und lassen sich vollautomatisch auswerten.

Dabei geht es häufig um die Erfassung von:
- verbalen Fähigkeiten
- numerischen Fähigkeiten
- diagrammatischen Fähigkeiten
- mechanisch/physikalischen Fähigkeiten

Des Weiteren absolviert man Wissens- und Persönlichkeitstests. Damit sollen Bildungsniveau und wesentliche Charaktermerkmale der Online-AC-Teilnehmer erfasst werden, z. B.:
- Eigenschaften
- Interessen
- Motive & Motivation
- Verhaltenstendenzen
- Arbeitsumfeld-Präferenzen
- bevorzugte Vorgehensweisen/Führungseigenschaften

Gründe für ein Online-AC

Hauptargumente für den gezielten Einsatz von E-Recruiting-Tools sind eine angebliche Kostenreduktion und Handhabungseffizienz. Mehrsprachigkeit, leicht zu interpretierende Ergebnisse und die Entkopplung von Eingabe- und Ausgabesprache (kann quasi in allen Ländern/Sprachen zum Einsatz kommen) sind weitere Pluspunkte. Auch das damit angestrebte innovative Image überzeugt immer mehr Unternehmen von diesem Auswahlverfahren.

Einige Personaler halten ihre Online-Tests für genauso effektiv wie einen klassischen Paper-and-Pencil-Test, der mit Bewerbern vor Ort durchgeführt werden müsste. Die Kosten- und Zeitersparnis und die Beschleunigung des Recruitment-Prozesses für alle Seiten werden immer wieder lobend angeführt. So erhalten Bewerber ihr Feedback direkt am PC und müssen nicht mehr vor Ort erscheinen.

Schwachstellen des Online-Assessments

Das Online-AC verspricht in unseren Augen weit mehr, als es hält und exponiert sich damit noch stärker als ein herkömmliches AC. Die Kosten eines intelligenten IT-AC-Spiels sind erheblich; billige, weil simpel gestrickte Spielszenen und leicht durchschaubare Abfrage- oder Spielaufgaben sind sicher nicht in der Lage, das komplexe Sozialverhalten der Teilnehmer abzubilden.

Auch die Identifizierung der mitspielenden Bewerbungskandidaten und die Bedingungskontrolle halten wir für problematisch. So lässt sich nicht kontrollieren, ob der Bewerber auch wirklich derjenige ist, der das virtuelle AC bearbeitet hat. Zum anderen wird man nicht sicherstellen können, dass alle Bewerber den Test unter gleichen Bedingungen absolvieren konnten. Nicht unwichtig erscheint uns darüber hinaus der Aspekt, dass man beim Online-Assessment auch noch eine technische Kompetenz benötigt bzw. gut mit Computern umgehen können muss. So wird es Kandidaten geben, die durch ihre technischen Kompetenzen und Fähigkeiten leicht in der Lage sind, ein AC im Netz zu »überlisten« und somit auf der Liste der Bewerber sicherer oben landen werden. Andererseits kann es durchaus sehr gute Bewerber geben, die aber technisch ungeübt oder unbegabt sind und dann beim Online-AC schlecht abschneiden oder entnervt vorzeitig aussteigen.

Interessant ist dabei auch die Frage, wie Männer und Frauen im Vergleich mit diesem Verfahren klarkommen und abschneiden. Sicherlich sind eher Männer im Umgang mit Computerspielen geübt, auch wenn sich zunehmend Frauen für diese Freizeitbeschäftigung interessieren. Hierbei zeigt sich jedoch, dass Männer tendenziell mehr konfrontative »Sieger/Verlierer-Action-Games« und Frauen eher sogenannte friedvolle, kreative Modelle, wie z. B. Denkspiele oder strategische Spiele, zur Unterhaltung bevorzugen.

Nur scheinbar bieten internetbasierte AC-Systeme die Vorzüge standardisierter Personalbeurteilung bei zusätzlicher Steigerung der Effizienz. Dementsprechend folgen den Onlinetests, die als eine Art »Pre-Assessment« dienen, meist mehrteilige Bewerbertrainings/-interviews vor Ort. Die Kandidaten, die bei einem Onlinetest bestehen, lädt man dann also doch wieder lieber zum »richtigen« AC und/oder weiteren persönlichen Gesprächen ein.

Wie ein »echtes« AC abläuft, erfahren Sie in unseren Spezial-Vorbereitungs-Büchern: *Assessment Center für Hochschulabsolventen*, *Assessment Center und Management Audit für Führungskräfte* und *Die 100 wichtigsten Tipps zum Assessment Center*.

Lösung zu Lerntest 10:
Alle Antworten sind richtig,
jeweils 1 Punkt

Auswertung zu den Lerntests:

Insgesamt waren 36,5 Punkte zu erreichen.
Bedenken Sie: Falsche Ankreuzungen werden mit Punktabzug bestraft!

Unter 15 Punkten: Sie sollten das Buch und die Zusatzmaterialien auf CD-ROM sowie im Internet unter *www.berufsstrategieplus.de* besser nochmals durcharbeiten! Das Ergebnis ist unbefriedigend, hoffentlich nur bei diesem Test!
15 – 19 Punkte = geht so, könnte besser sein, schauen Sie, woran es gelegen hat!
20 – 24 = befriedigend! Das ist schon ganz ordentlich, lässt sich aber bestimmt noch steigern!
25 – 29 = gut! Damit dürfen Sie zufrieden sein!
Ab 30 = sehr gut! Damit sind wir alle glücklich, Sie, wir, die Autoren, und die Personalentscheider sicher auch!

Internet-Aktivitäten

IMAGE: IHRE E-REPUTATION

Überprüfen Sie, welche persönlichen Daten von Ihnen im Internet öffentlich einsehbar sind, und überlegen Sie sich genau, ob und wie Ihr zukünftiger Arbeitgeber diese Informationen verwerten könnte.

Unser Tipp: »Googlen« (und yahooen) Sie Ihren eigenen Namen und gehen Sie die Suchergebnisse sorgfältig durch. Im Falle von unberechtigter Nutzung Ihrer persönlichen Daten sollte die Löschung gespeicherter Daten beim jeweiligen Seitenbetreiber beantragt werden. Gerade der Themenbereich »Informationen zu Ihrer Person im Internet« stellt sich oft als gewichtiger Punkt im Auswahlverfahren dar.

Beachten Sie genau, was Sie im Internet über sich preisgeben und überprüfen Sie auch, was (oft ohne Ihr Wissen) im Internet über Ihre Person vorzufinden ist. Beachten Sie bitte, dass diese Informationen sowohl positiven als leider auch negativen Einfluss auf Ihre Bewerbung haben. Soziale Netzwerke wie Facebook oder XING stellen eine beliebte Anlaufstelle für Personaler dar, die sich einen etwas genaueren Eindruck vom Bewerber verschaffen wollen.

Übersicht: Weitere Informationen zum Schutz Ihrer Daten im Internet finden Sie unter
- www.bfd.bund.de/
- de.wikipedia.org/wiki/Datenschutz
- www.datenschutz.de
- http://www.ecin.de/recht/datenschutz/
- http://www.e-recht24.de/artikel/datenschutz/16.html

Positiv betrachtet bietet das Internet Ihnen viele neue Möglichkeiten, sich und Ihre Persönlichkeit im Bewerbungsprozess optimal zu präsentieren. Diese Möglichkeiten sollten Sie – individuell abgestimmt auf die Branche und das Unternehmen, bei dem Sie sich bewerben wollen – nutzen. Was aber vielen nicht klar ist: Wir hinterlassen heute viel mehr »Spuren« im Netz, als uns eigentlich bewusst und in manchen Fällen auch lieb ist. Wir haben einen Ruf zu verlieren – unsere sogenannte Online- oder E-Reputation. Aber was ist das eigentlich?

WARUM IHR RUF IM NETZ SO WICHTIG IST

Was ist eine E-Reputation? Bleiben wir zunächst beim Wort Reputation. Eine Reputation ist eine Art positiver oder negativer Ruf, der mit einer Person verbunden wird. Wenn z. B. in einem Ort ein Bäcker für seine besonders gut schmeckenden sowie traditionell hergestellten Brote und Backwaren geschätzt wird und sich das unter den Anwohnern herumspricht, man den Namen des Bäckers sogar über die Stadtgrenzen hinaus kennt, dann haben wir es in diesem Fall mit einer positiven Reputation zu tun. Bespiele von anderen Berufsgruppen sind uns ebenfalls bekannt. Jeder kennt in seinem Umfeld besonders empfehlenswerte Ärzte, Rechtsanwälte, Friseure oder Restaurants.

Im Internet verhält es sich mit der Reputation im Prinzip ähnlich, wobei hier noch einige technische Aspekte hinzukommen. Das Internet merkt sich alles: Fast immer können sämtliche gespeicherten Informationen unkompliziert mit Google, Yahoo, yasni etc. recherchiert und aufgefunden werden. Probieren Sie es selbst und geben Sie Ihren Namen bei verschiedenen Suchmaschinen ein.

Ihre Netz-Aktivitäten bleiben der Öffentlichkeit nicht verborgen. Umso wichtiger ist als Erstes eine klare Trennung zwischen beruflichen und privaten Auftritten und Äußerungen in der Netzwelt. Frage: Sie sind Mitglied in einer sozialen Community wie z. B. XING oder Facebook? Bedenken Sie, dass Ihre

Verbindungen zu anderen Mitgliedern oder Ihre Artikel in Diskussionsforen vielleicht von anderen eingesehen und im Bewerbungsverfahren für oder gegen Sie verwendet werden können. Sie haben eine private Homepage mit den schönsten Urlaubsbildern oder Ihrem Lieblingshobby Extrembergsteigen? Neue Frage: Würde dies Ihrem Arbeitgeber ebenfalls gefallen? Sie besprechen gerne die unterschiedlichsten Bücher, z. B. Pokerratgeber oder Erotikbildbände, bei amazon.de oder buch.de? Lassen sich diese Rezensionen auch mit Ihrem beruflichen Engagement vereinbaren? Sie sehen: Überlegen Sie sich generell bei allen Internet-Veröffentlichungen, wie diese mit Ihren beruflichen Zielen harmonieren.

Unser Rat: Werden Sie zum Manager Ihrer eigenen E-Reputation. Platzieren Sie öffentliche Beiträge unter Ihrem Namen nur dann, wenn Sie zu Ihrem Berufsprofil passen oder diesem zumindest nicht schaden. Bedenken Sie auch, dass in manchen Internet-Diskussionsforen die Artikel von den Lesern bewertet werden können. Hier können positive Einschätzungen in gleicher Weise Ihre Reputation verbessern wie die Anzahl an sogenannten Freunden oder Fans, die mit Ihrem Internetprofil verlinkt sind. Achten Sie generell auch auf die Netiquette, also angemessene Umgangsformen im Internet. Wie gesagt, alles kann mit Suchmaschinen nachträglich recherchiert und nachgelesen werden.

E-Reputations-Ratschläge

Sämtliche Veröffentlichungen im Internet sollten harmonisch zu Ihrem beruflichen Profil passen.

Wählen Sie die Internet-Angebote aus, z. B. eigene Homepage, Weblog, Business-Community oder Diskussionsforen, mit denen Sie Ihre beruflichen Kompetenzen bestmöglich darstellen können.

Beachten Sie die Wichtigkeit von Networking bzw. gegenseitigen Verlinkungen. Kümmern Sie sich aktiv um Ihren guten Ruf im Netz: Versuchen Sie, unliebsame Spuren selbst zu löschen bzw. bitten Sie die Betreiber der jeweiligen Seiten darum. Schwierig wird es, wenn Sie einen Namensvetter haben, der einen eher zweifelhaften Ruf genießt. Es gibt inzwischen auch sogenannte Reputationsmanager, das sind Dienstleister, die sich gegen eine Gebühr um Ihren Onlineruf kümmern, z. B. »Dein guter Ruf«.

Durch das Entfernen von Inhalten – durch schriftliche Aufforderung zur Löschung personenbezogener Daten – kann man seine E-Reputation verbessern. Mehr dazu, zu weiteren Pannen und einer Ersten Hilfe finden Sie in unserem Buch: *Die überzeugende Selbstpräsentation im WWW*.

Der vorbildliche Herr Müller

Martin Müller studiert in München Neuere Geschichte und arbeitet nebenbei als Stadtführer für jüdische Bauwerke und Sehenswürdigkeiten. Sein Ziel ist, nach dem Studium Redakteur in einem Geschichtsverlag zu werden. Deshalb schreibt er auch gelegentlich Artikel in entsprechenden Fachzeitschriften. Im Internet hat er eine eigene Homepage sowie ein Profil bei XING und einen Account bei Twitter. Auf seiner Homepage stellt er seine Stadtführungen in Bild, Text und Video eindrucksvoll dar. Des Weiteren findet man im Gästebuch viele Danksagungen von zufriedenen Teilnehmern. Gleichzeitig können von hier aus auch seine wissenschaftlichen Texte eingesehen werden.
Bei XING stellt Herr Müller ausführlich seine universitäre Spezialisierung, aber auch seine Stadtführungen sowie seine Autorentätigkeit vor. Hier ist er außerdem mit vielen Teilnehmern seiner Stadtführungen verlinkt, darunter auch anerkannte Historiker aus dem In- und Ausland. Gleichzeitig hat ein Professor von Herrn Müller ihm bei XING eine Referenz für die erfolgreiche Teilnahme an einem Forschungsprojekt öffentlich hinterlegt.
Beim Twitter-Account von Herrn Müller wird man nicht nur über seine eigenen Aktivitäten, z. B. seine privaten Städtereisen oder wissenschaftliche Vorträge, in Wort und Bild aktuell informiert, sondern findet auch Links zu generell interessanten Geschichtspublikationen. Hier folgen ihm deshalb zunehmend mehr Leser, die gleichzeitig über das Twitter-Profil auch wieder auf seine Homepage aufmerksam gemacht werden.
Wenn Herr Müller gegen Ende seines Studiums in die aktive Bewerbungsphase startet, so können sich die angeschriebenen Personaler neben den traditionellen Bewerbungsunterlagen auch im Internet ein umfassendes Bild von ihm machen. Ein Eindruck, der dann ohne Zweifel für diesen Bewerber sprechen wird, da die Kompetenzen authentisch sowie vor allem sehr vertrauenswürdig dargestellt werden.

Sie sehen: Herr Müller platziert geschickt seine berufsrelevanten Aktivitäten auf passenden Internetseiten. Er steuert aktiv die öffentliche Wahrnehmung seines beruflichen Profils, steigert kontinuierlich seine E-Reputation und stärkt damit auch das Vertrauen in seine beruflichen Leistungen.

EIN PAAR WORTE ZUM SCHLUSS

Ohne Internet würde uns etwas fehlen. Dieses Kommunikationsinstrument, dieses Medium hat uns in den letzten 15 Jahren so vereinnahmt, verzaubert und auch abhängig gemacht, dass es einfach nicht mehr ohne geht (so scheint es jedenfalls). Natürlich hat das auch die Arbeitswelt und insbesondere die Vorgehensweise beim Finden und Erhalten eines (neuen) Jobs extrem beeinflusst und teilweise deutlich verändert. Eine Herausforderung und Chance zugleich. Für alle Beteiligten auf beiden Seiten, Arbeitgeber und -nehmer ... Und Sie wissen ja, im eigentlichen Wortsinne sind Sie »Arbeitgeber, Unternehmer!« Also unternehmen Sie etwas! Wir drücken die Daumen bei Ihrem Vorhaben und hoffen, Ihnen mit unserem Buch, der CD-ROM und den Ergänzungen im Internet (*www.berufsstrategie-plus. de*) geholfen zu haben. Mailen Sie uns bitte Ihre Erfahrung, Meinung und Kritik, am besten an: kontakt@hesseschrader.com

Vielen Dank! Wir freuen uns, wenn Sie uns weiterempfehlen.

Viel Erfolg bei Ihrer Online-Bewerbung!

ÜBER UNS, DIE AUTOREN, UNSERE BÜCHER UND DAS BÜRO FÜR BERUFSSTRATEGIE

Das Autorenteam Hesse/Schrader ist seit über 30 Jahren auf dem Sektor der Bewerbungsratgeber sowie zu weiteren Themen aus der Arbeitswelt publizistisch tätig und hat im Laufe dieser Zeit mehr als 200 Bücher veröffentlicht. Am Anfang stand die erstmalige Veröffentlichung aller gängigen sogenannten Intelligenztests und deren kritische Reflexion in dem Buch *Testtraining für Ausbildungsplatzsuchende* (1985). Ebenfalls Neuland zum Bereich »Überleben in der Arbeitswelt« erschloss ihr Buch *Die Neurosen der Chefs – die seelischen Kosten der Karriere* (1994).

Von besonderem Interesse für den Leser dieses Buches dürfte auch die Reihe »Die perfekte Bewerbungsmappe« sein – Bücher ebenfalls im DIN-A4-Format, die zahlreiche Beispiele im Originalformat zeigen und auf die unterschiedlichen Situationen von Bewerbergruppen (Azubis, Hochschulabsolventen, Führungskräfte) eingehen. Auch die Bücher *1 x 1 – Die erfolgreiche schriftliche Bewerbung* sowie *Bewerbungsstrategien für Führungskräfte* behandeln die Themen, die zur Verwirklichung Ihrer beruflichen Ziele von großer Bedeutung sind. Weitere Hilfestellungen bieten die Hesse/Schrader Trainings *Initiativbewerbung*, *Lebenslauf*, *Vorstellungsgespräch*, *Arbeitszeugnis* und *Schriftliche Bewerbung* (alle im DIN-A4-Format).

Beide Autoren verfügen über eine langjährige Erfahrung als Seminarleiter bei Bewerbungstrainings. Ein besonderes Interesse gilt der gewerkschaftlichen Bildungsarbeit in Form von Anti-Mobbing- und Konfliktmanagement-Seminaren.

1992 gründeten sie in Berlin das *Büro für Berufsstrategie*, das Arbeitnehmer in allen erdenklichen beruflichen Fragen berät und unterstützt. Über 30 Jahre Buchpublikationen und 20 Jahre tägliche Beratungsarbeit mit Kandidatinnen und Kandidaten, die das *Büro für Berufsstrategie* aufsuchen, zeichnen die Autoren als kompetent und praxiserfahren aus.

Wenn Sie persönliche Anregungen wünschen, Rat und Unterstützung brauchen, wenden Sie sich bitte an das *Büro für Berufsstrategie:*

Hesse/Schrader
Büro für Berufsstrategie
Oranienburger Straße 4–5
10178 Berlin
Tel. 030 288857-0
Fax 030 288857-36
www.hesseschrader.com

Bitte beachten Sie auch unsere Büros in Frankfurt, Stuttgart, Hamburg, Köln, Wiesbaden und München. Wir prüfen auch Ihre Bewerbungsunterlagen!

Heinz W. Warnemann
XING für Einsteiger
123 Seiten, 11,5 x 16,5 cm,
Broschur
Best.-Nr. E10998
€ 6,95 (D) / € 7,20 (A)
ISBN 978-3-86668-970-1

Michael Rajiv Shah
**Karrierebeschleunigung mit
LinkedIn**
198 Seiten, 11,5 x 16,5 cm,
Broschur
Best.-Nr. E10602
€ 6,95 (D) / € 7,20 (A)
ISBN 978-3-86668-972-5

Oliver Gassner
**Professionell kommunizieren
mit Google+**
160 Seiten, 11,5 x 16,5 cm,
Broschur
Best.-Nr. E10999
€ 6,95 (D) / € 7,20 (A)
ISBN 978-3-86668-971-8

Michael Rajiv Shah
Twitter für Einsteiger
175 Seiten, 11,6 x 16,5 cm,
Broschur
Best.-Nr. E10995
€ 6,95 (D) / € 7,20 (A)
ISBN 978-3-86668-967-1

Jonny Jelinek
**Facebook-Marketing für Ein-
steiger**
150 Seiten, 11,5 x 16,5 cm,
Broschur
Best.-Nr. E10989
€ 6,95 (D) / € 7,20 (A)
ISBN 978-3-8490-1449-0

Hesse/Schrader
Die überzeugende Selbstpräsentation
im WWW

Heutzutage müssen Sie damit rechnen, dass der potenzielle neue Arbeitgeber
Sie „googelt", wenn Sie sich bei ihm bewerben. Stößt er dann z. B. auf kom-
promittierende Facebook-Fotos von der letzten Party oder eine Buchempf-
ehlungs-Liste, auf der Sie hauptsächlich erotische Literatur empfehlen,
haben Sie schon vor einem möglichen Vorstellungsgespräch einen Eindruck
hinterlassen, den Sie unter Umständen nie mehr „ausbügeln" können.

Wie Sie sich im Internet optimal und erfolgreich darstellen, wie Sie Ihre Pri-
vatsphäre schützen und den neuen Arbeitgeber von sich überzeugen, zeigen
die Bewerbungsexperten Nr. 1, Hesse/Schrader, in diesem unverzichtbaren
Ratgeber!

208 Seiten, 14,5 x 20,7 cm,
Klappbroschur
Best.-Nr. E10489
€ 16,95 (D) / € 17,50 (A)
ISBN 978-3-86668-961-9

23-BK-R008

Bestellungen bitte direkt an: STARK Verlag · Postfach 1852 · D-85318 Freising
Tel. 0180 3 179000* · Fax 0180 3 179001* · www.berufundkarriere.de · info@berufundkarriere.de
* 9 Cent pro Min. aus dem deutschen Festnetz, Mobilfunk bis 42 Cent pro Min. Aus dem Mobilfunknetz wählen Sie die Festnetznummer 08167 9573-0

Können wir noch mehr für Sie tun?

Gemeinsam mit unserem erfahrenen Berater- und Trainerteam bieten wir professionelle Beratung zu allen beruflichen Fragen an. Wir wissen, worauf es ankommt und unterstützen Mitarbeiter und Führungskräfte bei der Umsetzung beruflicher Wünsche und Ziele. Weiterhin unterstützen wir Unternehmen bei allen Fragen der Personalentwicklung.

Jürgen Hesse

Hans Christian Schrader

Wobei benötigen Sie Unterstützung?

Beratung & Coaching

- Karriereplanung
- Potenzialanalyse
- Bewerbungsstrategien
- Berufsorientierung
- Bewerbungsunterlagen
- Vorstellungsgespräche
- Assessment Center
- Arbeitszeugnisse
- Burnout-Prävention
- Outplacement & Kündigung

Seminare & Trainings

- Bewerbung & Karriereentwicklung
- Kommunikation & Arbeitstechniken
- Verhandeln & Verkauf
- Führung & Personal
- Gesund im Job
- Train-the-Trainer nach Hesse/Schrader
- ... und alle weiteren Soft Skill-Themen

Gerne beraten wir Sie auch persönlich und telefonisch!

Auf unserer Homepage finden Sie viele praktische Tipps und Informationen zu Job und Beruf.

Dort können Sie sich über unsere Beratungsangebote, Dienstleistungen für Unternehmen und alle Seminartermine informieren oder E-Books und Mustervorlagen downloaden – und natürlich alle Bücher von Hesse/Schrader bestellen.

Möchten Sie regelmäßig unseren Hesse/Schrader-Newsletter erhalten? Dann melden Sie sich gleich an:

www.berufsstrategie.de

Büro für Berufsstrategie Hesse/Schrader
Oranienburger Straße 4-5
10178 Berlin
Telefon 030 2888570
E-Mail info@berufsstrategie.de

Büro für Berufsstrategie
Hesse/Schrader
Die Karrieremacher.

Berlin • Frankfurt • Hamburg • München
Köln • Stuttgart • Wiesbaden